ANGEWANDTE PFLANZENSOZIOLOGIE

VERÖFFENTLICHUNGEN DES
INSTITUTS FÜR ANGEWANDTE PFLANZENSOZIOLOGIE
DES LANDES KÄRNTEN

HERAUSGEBER
UNIV.-PROF. DR. ERWIN AICHINGER

HEFT VII

FICHTENWÄLDER UND FICHTENFORSTE ALS WALDENTWICKLUNGSTYPEN

EIN FORSTWIRTSCHAFTLICHER BEITRAG ZUR BEURTEILUNG
DER FICHTENWÄLDER UND FICHTENFORSTE

VON UNIV.-PROF. DR. ERWIN AICHINGER

Springer-Verlag Wien GmbH
1952

Schriftleiter:

Univ.-Prof. Dr. Erwin Janchen.

ISBN 978-3-211-80242-7 ISBN 978-3-7091-2241-9 (eBook)
DOI 10.1007/978-3-7091-2241-9

Vorwort.

Mit diesem 3. Heft der „Mitteilungen der Arbeitsgemeinschaft Institut für Angewandte Pflanzensoziologie des Landes Kärnten, Arriach, und Landesforstinspektion für Steiermark, Graz“ setzen wir die Reihe der Monographien unserer heimischen Wälder aus der Feder A i c h i n g e r s fort. Die vorliegende Arbeit befaßt sich mit den Fichtenwäldern als Typen von natürlichen Entwicklungsreihen, in die der Mensch aber sowohl im guten wie auch im schlechten Sinne einzugreifen in der Lage ist. Die große holzwirtschaftliche Bedeutung der Fichte hat es mit sich gebracht, daß der Mensch in den vergangenen Jahrzehnten anstelle gesunder und standortgemäßer Mischwälder widernatürliche Fichten-Monokulturen zu schafffen suchte und wohl auch geschaffen hat, jedoch mit dem Erfolg, daß die sich gegen eine solche Vergewaltigung wehrende Natur diese Art von Forstwirtschaft durch Schädlings-Katastrophen in eine Sackgasse geführt hat.

A i c h i n g e r untersucht nun in diesem Heft die verschiedenen Entwicklungstypen der naturnahen Fichtenwälder auf den verschiedensten Standorten eingehend wissenschaftlich nach der Methode der dynamisch aufgefaßten, angewandten Pflanzensoziologie, um dann wieder als Forstmann die entsprechenden waldbaulichen und forstwirtschaftlichen Schlüsse und praktischen Hinweise für ihre Begründung und Bewirtschaftung zu geben. Besonders wertvoll sind hiebei seine Ausführungen über die Umwandlung nicht standortgemäßer Fichten-Monokultur-Bestände in gesunde und standortgemäße Wälder.

Möge dieses Heft dazu beitragen, der ungesunden Verfichtung unserer Wälder Einhalt zu bieten und der Forstwirtschaft den Weg aus dieser Sackgasse erfolgreich zu weisen.

G r a z, im Juni 1952.

Richard V o s p e r n i g
wirkl. Hofrat, Dipl.-Ing.,
Regierungsforstdirektor, Graz

A. Fichtenwälder und Fichtenforste als Waldentwicklungstypen.

Ein forstwirtschaftlicher Beitrag zur Beurteilung der Fichtenwälder und Fichtenforste.

Von Erwin Aichinger (Arriach).

Die Fichtenwälder und Fichtenforste besitzen durch das herrschende Hervortreten der Fichte in der Baumschicht, das Zurücktreten der Strauchschicht und die meist oberflächliche Bewurzelung einen so bekannten Aufbau, daß der Begriff „Fichtenwald“ in den Alpen und Mittelgebirgen jedermann vertraut erscheint.

Und doch gibt es fast keinen Wald, der in seinem naturgemäßen Vegetationsaufbau in Abhängigkeit vom Gange der Vegetationsentwicklung so wenig bekannt ist, wie gerade der natürlich erwachsene Fichtenwald. Die natürlich erwachsenen oder unter natürlichen Bedingungen angeforsteten Fichtenwälder besitzen einen bestimmten floristischen Aufbau in Abhängigkeit von Klima, Boden und den Bedingungen der lebenden Umwelt, während die Fichtenforste keinen für die Fichtenwälder so bezeichnenden floristisch-soziologischen Aufbau in der Baumschicht und im Unterwuchs besitzen.

Demnach müssen wir unterscheiden zwischen natürlich erwachsenen „Fichten wäldern“, die natürlich aufgekommen sind, sich verjüngt haben oder unter natürlichen Vegetationsbedingungen angeforstet wurden, und „Fichten forsten“, die an Stelle von anderen Wäldern gepflanzt wurden.

Die Unterscheidung von Fichtenwäldern und Fichtenforsten ist nicht immer leicht, weil sowohl die einen wie die anderen das gleiche äußerliche Aussehen haben können und unter Umständen auch im floristischen Aufbau sich ähneln.

Jedoch nur die Fichtenwälder sind organisch gewachsene Waldgesellschaften und besitzen somit eigene Individualität und naturgemäßen Lebenshaushalt. Hier sind auch die wirtschaftlichen Voraussetzungen und Abwehrkräfte völlig andere als in den Fichtenforsten, die z. B. an Stelle von Eichen-, Buchen- und Bergahorn-Mischwäldern angeforstet wurden und als reine Kunstprodukte aufgefaßt werden müssen.

Mehr als in anderen Waldgesellschaften ist daher hier die Unterscheidung von „Wäldern“ und „Forsten“ notwendig, weil ja in den letzten Jahrhunderten weite Gebiete Mitteleuropas verfichtet wurden und damit großen Waldbeständen die natürlichen Abwehrkräfte genommen wurden. Forst- und landwirtschaftliche Erkenntnisse auf dem Gebiete des Waldbaues, der Forsteinrichtung, des Forstschutzes, der Jagd und Fischerei, des Natur- und Landschaftschutzes, des Acker- und Wiesenbaues, der Weidewirtschaft, des Obst- und Gartenbaues, der Unkraut- und Schädlingsbekämpfung sowie der Bienenzucht können nur dann richtig verwertet werden, wenn wir die Fichtenwälder von den Fichtenforsten trennen und die Fichtenwälder je nach den Beziehungen zu anderen Waldgesellschaften floristisch abgrenzen.

A. DIE FICHTENWÄLDER.

Die Fichtenwälder haben ihre Hauptverbreitung in der unteren Nadelwaldstufe, wo sie von den schattenfesteren anspruchsvolleren Laubhölzern nicht verdrängt werden können.

Während sie unter natürlichen Bedingungen in der oberen Laubwaldstufe die Vegetationsentwicklung zur anspruchsvolleren Laubwaldgesellschaft einleiten können oder nach waldverwüstenden Eingriffen die herabgewirtschafteten Böden sekundär besiedeln, vermögen sie die besonders rauhen Klimaverhältnisse der Oberen Nadelwaldstufe nicht zu ertragen.

Im Gegensatz zu anderen Holzarten stellt die Fichte an Wärme, Licht und Nahrung keine besonderen Anforderungen, erträgt daher Rohhumusböden auch in kühlen, schattigen Lagen. Sie benötigt aber einen viel besseren Wasserhaushalt als die Kiefer und verlangt als flachwurzelnde Holzart einen gut durchlüfteten Oberboden. In der Unteren Nadelwaldstufe, in die hochstämmige, wärmebedürftige Laubhölzer nicht mehr hinaufsteigen können, kann sie durchlüftete, frische Böden konkurrenzlos besiedeln. Begünstigt durch waldverwüstende Eingriffe, kann sie auch in tiefere Höhenstufen hinabsteigen und Rohhumusböden einnehmen, wenn ihr dort hinreichende Bodenfrische zur Verfügung steht.

Im Auwaldgebiet kommt sie naturgemäß auch in der Buchenstufe auf frischen Böden hoch, wenn der Oberboden durchlüftet ist und die Buche wegen des hohen Grundwasserstandes, die Hainbuche und Eiche aus klimatischen Gründen nicht aufkommen können.

Auf Grund der verschiedenen Haushaltsbedingungen gliedere ich die Fichtenwälder folgendermaßen:

I. die bodenbasischen, bodentrockenen Fichtenwälder;

II. die bodensauren, bodentrockenen Fichtenwälder;

III. die nährstoffreichen bodenfeuchten Fichtenwälder;

IV. die nährstoffarmen bodenfeuchten Hochmoor-Fichtenwälder.

I. Die bodenbasischen, bodentrockenen Fichtenwälder.

Diese bodenbasischen Fichtenwälder besiedeln trockene Böden und besitzen einen bodenbasischen Niederwuchs. Wir müssen insbesondere begrifflich trennen:

1. Fichtenwälder, die im bodenbasischen Latschenbuschwald hochgekommen sind (Pinetum Mugi prostratae basiferens ↗ PICEETUM basiferens).
2. Fichtenwälder, die im bodenbasischen Spirkenwald hochgekommen sind (Pinetum Mugi arboreae basiferens ↗ PICEETUM basiferens).
3. Fichtenwälder, die im bodenbasischen Zirbenwald hochgekommen sind (Pinetum Cembrae basiferens ↗ PICEETUM basiferens).

4. Fichtenwälder, die im bodenbasischen Rotföhrenwald hochgekommen sind (Pinetum silvestris basiferens ↗ PICEETUM basiferens).
5. Bodenbasische Fichtenwälder, die im bodenbasischen Schwarzföhrenwald hochgekommen sind (Pinetum nigrae basiferens ↗ PICEETUM basiferens).
6. Bodenbasische Fichtenwälder, die im bodenbasischen Lärchenwald hochgekommen sind (Laricetum deciduae basiferens ↗ PICEETUM basiferens).

II. Die bodensauren, bodentrockenen Fichtenwälder.

Sie besiedeln trockene Böden mit schlechtem Wasserhaushalt:

a) Bodensaure Fichtenwälder, die auf schon ursprünglich sauren Böden wachsen und einen bodensauren Niederwuchs besitzen (PICEETUM silicicolum acidiferens).
7. Bodensaure Fichtenwälder, die im bodensauren Latschbuschwald hochgekommen sind (Pinetum Mugi prostratae ↗ PICEETUM silicicolum acidiferens).
8. Bodensaure Fichtenwälder, die im bodensauren Spirkenwald hochgekommen sind (Pinetum Mugi arboreae ↗ PICEETUM silicicolum acidiferens).
9. Bodensaure Fichtenwälder, die im bodensauren Zirbenwald hochgekommen sind (Pinetum Cembrae ↗ PICEETUM silicicolum acidiferens).
10. Bodensaure Fichtenwälder, die im bodensauren Lärchenwald hochgekommen sind (Laricetum deciduae ↗ PICEETUM silicicolum acidiferens).
11. Bodensaure Fichtenwälder, die im bodensauren Rotföhrenwald hochgekommen sind (Pinetum silvestris ↗ PICEETUM silicicolum acidiferens).
12. Bodensaure Fichtenwälder, die im bodensauren Grünerlenwald hochgekommen sind (Alnetum viridis ↗ PICEETUM silicicolum acidiferens).
13. Bodensaure Fichtenwälder, die im bodensauren Ebereschenwald hochgekommen sind (Sorbetum aucupariae ↗ PICEETUM silicicolum acidiferens).

b) Bodensaure Fichtenwälder, die im sauren Rohhumus basischer Böden oberflächlich siedeln und einen bodensauren Niederwuchs besitzen (PICEETUM calcicolum acidiferens) z. B.
14. Bodensaure Fichtenwälder, die im bodensauren Schwarzföhrenwald hochgekommen sind (Pinetum nigrae ↗ PICEETUM calcicolum acidiferens).

Diese kommen auch auf ursprünglich basischen Böden im oberflächlich sauren Rohhumus unter Latschen-, Spirken-, Zirben-, Lärchen-, Rotföhren-, Grünerlen- oder Ebereschenwäldern hoch und werden daher ad 7, 8, 9, 10, 11, 12, 13 gestellt; aber durch die Bezeichnung „calcicolum acidiferens" vom „silicicolum acidiferens" getrennt.

III. Die nährstoffreichen bodenfeuchten Fichtenwälder.

Fichtenwälder, die mehr oder weniger feuchte Böden mit einem guten Wasser- und Nährstoffhaushalt besiedeln (PICEETUM umoriferens):

15. Bodenfeuchte Fichtenwälder, die im Grauerlen-Auenwald aufgekommen sind (Alnetum incanae inundatum ↗ PICEETUM),

16. Bodenfeuchte Fichtenwälder, die im Grauerlen-Unterhangwald aufgekommen sind (Alnetum incanae superirrigatum ↗ PICEETUM),
17. Bodenfeuchte Fichtenwälder, die im Schwarzerlen-Auenwald aufgekommen sind (Alnetum glutinosae inundatum ↗ PICEETUM),
18. Bodenfeuchte Fichtenwälder, die im Schwarzerlen-Unterhangwald aufgekommen sind (Alnetum glutinosae superirrigatum ↗ PICEETUM),
19. Bodenfeuchte Fichtenwälder, die im Schwarzerlen-Bruchwald aufgekommen sind (Alnetum glutinosae paludosum ↗ PICEETUM),
20. Bodenfeuchte Fichtenwälder, die im Grünerlen-Unterhang-Buschwald aufgekommen sind (Alnetum viridis superirrigatum ↗ PICEETUM),
21. Bodenfeuchte Fichtenwälder, die im Grünerlen-Auen-Buschwald aufgekommen sind (Alnetum viridis inundatum ↗ PICEETUM).

IV. Die nährstoffarmen bodenfeuchten Hochmoor-Fichtenwälder.

Fichtenwälder, die ehemalige Hochmoorböden mit sehr schlechtem Nährstoffhaushalt besiedeln (PICEETUM turfosum):

22. Fichten-Hochmoorwälder, die im Rotföhren-Hochmoorwald aufgekommen sind (Pinetum silvestris turfosum ↗ PICEETUM),
23. Fichten-Hochmoorwälder, die im Latschen-Hochmoor-Buschwald aufgekommen sind (Pinetum Mugi prostratae turfosum ↗ PICEETUM),
24. Fichten-Hochmoorwälder, die im Spirken-Hochmoorwald aufgekommen sind (Pinetum Mugi arboreae turfosum ↗ PICEETUM),
25. Fichten-Hochmoorwälder, die im Zirben-Hochmoorwald aufgekommen sind (Pinetum Cembrae turfosum ↗ PICEETUM),
26. Fichten-Hochmoorwälder, die im Birken-Hochmoorwald aufgekommen sind (Betuletum turfosum ↗ PICEETUM turfosum).

Alle diese Wälder lassen sich floristisch sehr gut abgrenzen. Diejenigen Fichtenwälder, die einen guten Wasser- und Nährstoffhaushalt haben, können Beziehungen zu anspruchsvollen Tannen-, Bergahorn- und Buchenwäldern aufweisen. Diese Beziehungen werden dann als besondere Ausbildungen den jeweiligen Gesellschaftstypen zugeteilt.

Da der Fichtenwald wohl einen nährstoffarmen Rohhumusboden ertragen kann, aber an den Wasserhaushalt und die Durchlüftung des Oberbodens große Ansprüche stellt, ist es verständlich, daß er nicht als Pioniergesellschaft aufkommen kann. Er ist besonders auf Böden, die seit jeher trocken und humusarm sind, auf die Pioniertätigkeit von Holzarten angewiesen, die diesen Böden durch ihren Bestandesabfall Nährstoffe und wasserhaltende Kraft geben, wie Birke, Eberesche, Latsche, Rotföhre, Schwarzföhre, Zirbe und Lärche. Dasselbe gilt für Böden, die seit jeher vernäßt und damit luftarm sind. Hier sind es die Grauerlen, Schwarzerlen und Grünerlen, die dem Boden durch ihre Wasserverdunstung und ihren Bestandesabfall die Nässe nehmen und ihn durchlüften.

a) Die bodentrockenen Fichtenwälder.

Allen bodentrockenen Fichtenwäldern ist gemeinsam, daß sie – wie schon aus der Bezeichnung hervorgeht – auf Böden siedeln, die ursprünglich einen sehr schlechten Wasserhaushalt besaßen. Sie stehen daher in Beziehung zu anderen Waldgesellschaften (Pioniergesellschaften), die diesen Wassermangel besser ertragen können. Im Unterwuchs finden wir meist Zwergsträucher oder Gräser, die den noch trockenen Boden erkennen lassen, während Kräuter, die an den Wasser- und Nährstoffhaushalt größere Ansprüche stellen, mehr oder weniger zurücktreten, bzw. sich erst dann durchsetzen können, wenn im Zuge der Verarbeitung des Bestandesabfalles der Boden einen gewissen Wasser- und Nährstoffhaushalt bekommen hat.

Bei allen diesen Wäldern ist der Wasserfaktor im Minimum vertreten und so müssen wir, wenn wir gutwüchsige Fichtenwälder aufbauen wollen, alles daransetzen, um diesen Faktor zu heben. Andererseits sind alle Eingriffe zu unterlassen, die eine Abnahme des Wasserhaushaltes zur Folge haben können. Meist tritt zum Wassermangel noch eine gewisse Nährstoffarmut des Bodens, weil ja das Bodenleben, das den Bestandesabfall verarbeitet, Wasser benötigt, so daß die Bewirtschaftung auch auf die Hebung dieses Faktors ausgerichtet sein muß.

Innerhalb der bodentrockenen Fichtenwälder müssen wir unterscheiden:

I. bodenbasische Fichtenwälder, die auf basischen Böden stocken und einen bodenbasischen Niederwuchs besitzen (PICEETUM calcicolum basiferens);

II. bodensaure Fichtenwälder, die auf sauren Böden stocken und einen bodensauren Niederwuchs besitzen; dabei können sie auf einem von jeher sauren Boden mit saurer Gesteinsunterlage siedeln (PICEETUM silicicolum acidiferens), oder auf einem ursprünglich basischen, erst später oberflächlich versauerten Boden mit basischer Gesteinsunterlage (PICEETUM calcicolum acidiferens).

I. Gruppe der bodentrockenen Fichtenwälder, die basische Böden besiedeln (PICEETUM excelsae calcicolum).

Es folgt eine schematische Darstellung, aus der zu ersehen ist, wie verschiedene Kiefernwälder und der Lärchenwald hinauf zum Fichtenwald führen und wie die Vegetationsentwicklung in den verschiedenen Klimagebieten weiter zum Tannen-, Buchen- oder Bergahornwald führt:

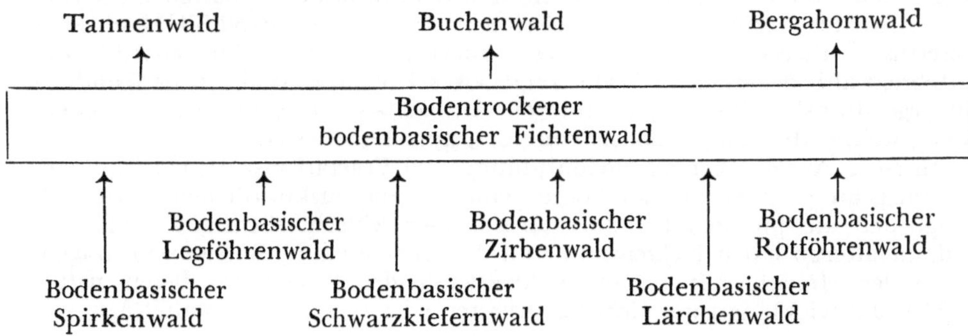

Aus der übersichtlichen Darstellung ersehen wir, daß auch Legföhren-, Spirken- und Zirbenwälder, aber auch Schwarzkiefern- und Lärchenwälder die Vegetationsentwicklung zum Fichtenwald einleiten können und daß alle diese Fichtenwälder je nach den klimatischen Verhältnissen entweder Fichtenwälder bleiben oder sich zu Tannen-, Buchen- oder Bergahornwäldern weiter entwickeln können.

Beispiel: Einen Fichtenwald dieser Gruppe untersuchte ich im Bergsturzgebiet der Schütt am Südfuß der Villacher Alpe.

Dieser Wald wird von der Fichte beherrscht, die allerdings infolge des geringen Wasserhaushaltes kein freudiges Wachstum zeigt. Dennoch hat sie zwischen ihren dunklen Kronen die lichtbedürftigen Rotföhren eingeengt und in den Zwischenbestand gedrängt. Im Unterwuchs, dem eine geschlossene Strauchschicht fehlt, tritt die Schneeheide *(Erica carnea)* mehr oder weniger geschlossen mit geringer Lebenskraft hervor, begleitet von der Buchs-Kreuzblume *(Polygala Chamaebuxus),* dem Echten Gamander *(Teucrium Chamaedrys),* dem Einblütigen Wintergrün *(Pirola uniflora),* dem Kriechstendel *(Goodyera repens),* der Gelblichen Hainsimse *(Luzula luzulina),* aber auch von einigen Arten, die an die Bodengüte schon größere Ansprüche stellen, wie das Nickende Perlgras *(Melica nutans),* die Mandel-Wolfsmilch *(Euphorbia amygdaloides),* der Kleb-Salbei *(Salvia glutinosa),* das Wald-Veilchen *(Viola silvestris),* ja auch von Buchenjungwüchsen *(Fagus silvatica).* Den Boden dieses Fichtenwaldes bedeckt eine geschlossene Moosschicht, in der neben *Scleropodium purum* noch *Pleurozium Schreberi, Hylocomium splendens, Ptilium crista-castrensis, Rhytidiadelphus triquetrus* hervortreten.

Wir haben hier einen „Schneeheidereichen Fichtenwald" vor uns, der in Beziehung zum Bodenbasischen Rotföhrenwald steht und sich früher oder später zum Buchenwald entwickeln wird (Pinetum silvestris basiferens ↗ PICEETUM excelsae ericosum carneae ↗ Fagetum silvaticae).

Was würde nun geschehen, wenn wir diesen Wald kahl schlügen?

Der plötzlich freigestellte Boden würde seinen ohnehin geringen Wasserhaushalt verlieren, der Oberboden würde stark austrocknen, die Schneeheide würde wieder beste Lebenskraft erhalten und die anspruchsvolleren Arten, die gerade im Schatten des Fichtenwaldes ihren erhöhten Wasserhaushalt befriedigen konnten, würden ihre Lebenskraft verlieren und zurückgehen. Die nächste Waldgeneration, die in der Schneeheide aufkommen würde, wäre nicht ein Fichtenwald, sondern wieder ein Rotföhrenwald, in dessen Schatten die Fichte sich erst wieder verjüngen könnte (Ericetum carneae ↗ PINETUM silvestris basiferens ↗ Piceetum excelsae). Dieser rückgeführte (vom Fichtenwald zum Rotföhrenwald degradierte) Wald zeigt als sekundärer Wald bodenkundlich und vegetationskundlich einen anderen Aufbau als die primären Rotföhrenwälder, welche die jungen Böden vom Bergsturz 1348 besiedeln.

In einer Arbeit über die Bodenbildung und Vegetationsentwicklung dieses Bergsturzgebietes habe ich an Hand einer vegetationskundlichen Karte aufgezeigt, daß die jüngsten Bergsturzgebiete einen schlechtwüchsigen Rotföhrenwald, die älteren einen Fichtenwald und die ältesten einen Buchenwald tragen, soferne der Mensch mit seinen waldverwüstenden Eingriffen diesen naturgemäßen Entwicklungsgang nicht aufgehalten oder rückläufig gestaltet hat.

Bodenbasischer Fichtenwald, im Latschenbuschwald hochgekommen.

Floristischer Aufbau: Die Fichte ist im Legföhrenwald*) aufgekommen und beherrscht mehr oder weniger geschlossen die Baumschicht, da und dort begleitet von Lärchen. In der Strauchschicht tritt noch die lichtbedürftige Legföhre, besonders in sonniger Lage, mehr oder weniger stark hervor. Im Niederwuchs weisen die bodenbasischen Arten, die mehr oder weniger herrschend auftreten können, auf die Beziehung zur bodenbasischen Ausbildung hin. Auf oberflächlich versauerten Bodenstellen können auch bodensaure Arten vorkommen.

Haushalt: Wir treffen diese Wälder in der oberen Laubwaldstufe und in der Fichtenstufe als primäre oder sekundäre Waldgesellschaft vor allem auf brüchigverwitternden Dolomithängen, auf mehr oder weniger steilen Geröllhalden, Lawinenhängen mit trockenen basischen Böden in schneereicher Lage. Sonnig gelegene, windausgesetzte schneearme Lagen sagen diesen Fichtenwäldern nicht zu. Wir finden sie aber auch selten auf ebenen bis schwach geneigten alten Böden, die nicht alkalisch berieselt werden, weil sich hier früher oder später ein dicker, den darunterliegenden basischen Boden isolierender saurer Humusboden aufbaut, der den basischen Arten die Lebensmöglichkeit nimmt.

Entwicklung: Die Vegetationsentwicklung kann, schematisch dargestellt, folgend verlaufen:

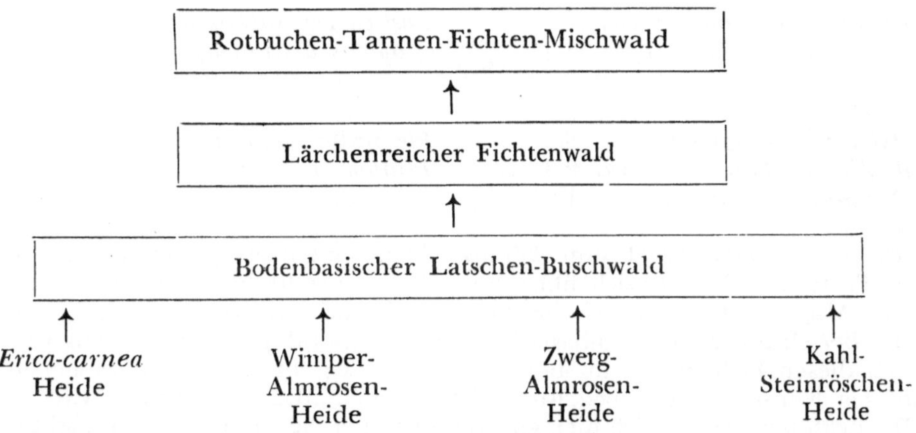

Während dieser Fichtenwald in der Fichtenstufe da und dort die Schlußgesellschaft darstellt, kann in der Buchenstufe die Vegetationsentwicklung über einen Fichtenwald zum Rotbuchen-Tannen-Fichten-Mischwald weiter verlaufen.

Beispiel: Einen solchen Fichtenwald untersuchte ich unterhalb des Brunnleitenweges auf der Villacher Alpe und fand dort in 1600 m Seehöhe in schneereicher Lage auf einem 20° Süd geneigten Hang folgenden Aufbau:

Baumschicht:

Picea excelsa	4.5	*Larix decidua*	+

*) Legföhrenwald = Latschenwald = Latschen-Buschwald = Pinetum Mugi.

Strauchschicht:

Pinus Mugo	2.3	*Juniperus sibirica (= J. nana)*	+
Sorbus Chamaemespilus	1.2	*Rosa pendulina*	+⁰
Sorbus aucuparia	+		

Niederwuchs:

Bodenbasische Arten:

Rhododendron hirsutum	3.3	*Valeriana montana*	1.1
Erica carnea	1.2⁰	*Calamagrostis varia*	+
Daphne striata	1.2⁰	*Senecio abrotanifolius*	+
Rhodothamnus Chamaecistus	1.1	*Coronilla vaginalis*	+
Rubus saxatilis	1.1	*Ranunculus hybridus*	+

Bodensaure Arten:

Vaccinium Myrtillus	2.2	*Lycopodium annotinum*	+.2
Vaccinium Vitis-idaea	2.2		

Anspruchsvolle Laubwaldarten:

Anemone trifolia	+	*Geranium silvaticum*	+

Farne:

Lastrea obtusifolia (= Dryopteris Robertiana)	1.1	*Lastrea Dryopteris (= Dryopteris disjuncta)*	+

Moose:

Hylocomium splendens	3.3	*Pleurozium Schreberi*	1.2
Rhytidiadelphus triquetrus	2.3	*Ptilium crista-castrensis*	+.2
Dicranum scoparium	1.2		

Ich reihe diesen Wald zum Wimper-Almrosen-Untertyp des glanzmoosreichen Fichtenwaldes, der sich über einen Latschenwald heraufentwickelt hat (Pinetum Mugi ↗ PICEETUM rhodoretosum hirsuti hylocomiosum proliferi).

Die Beziehung zum bodenbasischen Legföhrenwald geht klar daraus hervor, daß dieser Fichtenwald im bodenbasischen Legföhrenwald aufgekommen ist und bei Kahlschlag zum bodenbasischen Legföhrenwald degradiert wird.

Die Legföhre vermag sich hier am steil geneigten Südhang unter den schütteren Fichtenkronen, begleitet von vielen bodenbasischen, bodentrockenen, lichtbedürftigen Arten *(Erica carnea, Senecio abrotanifolius, Coronilla vaginalis, Calamagrostis varia, Daphne striata)* zu halten.

Der Haushalt dieses schlechtwüchsigen Fichtenwaldes ist gekennzeichnet durch einen ungünstigen Wasserhaushalt im Oberboden. Wenn die Fichte dennoch aufkommen konnte, so darum, weil sie auf einem Kalkgeröllboden wächst, der knapp unter dem Oberboden einen einigermaßen guten Wasser- und Nährstoffhaushalt besitzt.

Schematische Darstellung: Fichtenwald im bodenbasischen Legföhrenwald aufgekommen (Pinetum Mugi basiferens ↗ Piceetum).

Allein die Tatsache, daß am 20° geneigten Südhang die Wimper-Almrose, die Zwergalmrose, die Heidelbeere, der Bergbaldrian, das dreiblättrige Windröschen, der Waldstorchschnabel neben dem anspruchsvollen Kranzmoos lebenskräftig gedeihen, spricht dafür, daß die Fichte Lebensmöglichkeiten finden kann. Hier kann die Fichte auch tiefer mit ihren Wurzeln eindringen.

Die Vegetationsentwicklung verläuft hier am steilen Südhang nicht überall zum Fichtenwald, der Beziehungen zum bodensauren Legföhrenwald hat, weil der Kalkgeröllboden mosaikartig aufgebaut ist und teilweise vom Oberhang alkalisch berieselt wird und dadurch den bodenbasischen Arten immer wieder Lebensmöglichkeiten geboten werden.

Im bodenbasischen Legföhren-Buschwald kommt die Fichte auf (PINETUM MUGI calcicolum ↗ Piceetum).

Es versteht sich, daß die lichtbedürftigere Legföhre zurücktritt, weil sie die Beschattung durch die Fichtenkronen nicht ertragen kann.

Dieser Einzelbestand ist aber kein primärer Fichtenwald, der als erster hochstämmiger Wald den bodenbasischen Legföhrenwald im Sinne des aufgezeigten Entwicklungsschemas abgebaut hat, sondern ein Fichtenwald, der nach Kahlschlag des vorhergehenden Fichtenwaldes wieder aufgekommen ist.

Dem ist es auch zuzuschreiben, daß einige bodensaure Arten, vor allem Heidelbeere und Preißelbeere, im Unterwuchs auftreten. Sie siedeln im rohen, sauren Auflagehumus, der vom Bestandesabfall von Legföhre und Fichten gebildet wurde und der den darunterliegenden Kalkrohboden isoliert.

W i r t s c h a f t l i c h e   F o l g e r u n g e n. Boden und Klima bieten in diesen Wäldern meist der Lärche und der Fichte Lebensmöglichkeiten. Die tiefwurzelnde und daher oberflächliche Trockenheit ertragende Lärche ist hier viel widerstandsfähiger als die Fichte und vermag insbesondere auch den Schneeschub viel besser zu ertragen.

Daher ist die Lärche an steil geneigten, durch Schneeschub gefährdeten Hängen viel widerstandsfähiger und somit standortgemäßer. Waldverwüstende Eingriffe schaden ihr weniger.

Entscheiden wir uns aber für die Beibehaltung der Fichtenwirtschaft, so müssen wir den Wald sehr pfleglich bewirtschaften. Vor allem Kahlschlag müssen wir auf jeden Fall vermeiden.

Alle waldverwüstenden Eingriffe, wie insbesondere Kahlschlag und Brand, werfen die Vegetationsentwicklung um Generationen zurück. Ich kenne Örtlichkeiten, die jetzt als Waldverwüstungsstadium eine Schneeheidegesellschaft tragen, wo ehemals hochstämmiger Fichtenwald gestanden hat.

Wird dieser Fichtenwald geschlagen, so verliert der Oberboden seinen mühsam aufgebauten mäßigen Wasserhaushalt und die Fichte vermag nicht mehr den besonders trocken gewordenen Boden zu besiedeln. Der Fichtenwald wurde zum Latschenwald degradiert.

So vermögen nach Kahlschlag dieses Fichtenwaldes nicht die Fichte, sondern nur mehr Latsche und Lärche den Boden sekundär zu besiedeln.

Werden auch diese sekundär aufkommenden Pionierholzarten immer wieder niedergeschlagen, so verliert der Boden in zunehmendem Maße seinen ohnehin geringen Wasserhaushalt und es breiten sich unter den Zwergsträuchern besonders jene aus, welche basischen, trockenen Boden sehr gut ertragen können, wie *Erica carnea, Daphne striata.*

Die anspruchsvolleren Arten, welche an den Wasser- und Nährstoffhaushalt größere Ansprüche stellen, wie *Anemone trifolia, Geranium silvaticum, Sorbus Chamaemespilus, Lastrea Dryopteris* (= *Dryopteris disjuncta*), *Rubus saxatilis, Valeriana montana, Rhytidiadelphus triquetrus* verlieren ihre Lebenskraft und gehen zurück.

Im Sinne der Schule B r a u n - B l a n q u e t stelle ich diesen Wald auf Grund der Verbandscharakterarten:

Sorbus Chamaemespilus
Rhododendron hirsutum
Erica carnea
Coronilla vaginalis
Daphne striata

zum P i n e t o - E r i c i o n   B r.- B l. 1 9 3 9 und innerhalb dieses zum R h o d o t h a m n e t o - R h o d o r e t u m   h i r s u t i, welche Assoziation durch die Charakterarten:

Rhododendron hirsutum
Rhodothamnus Chamaecistus
Sorbus Chamaemespilus

gekennzeichnet ist.

Innerhalb dieser Assoziation stelle ich unseren Fichtenwald zur Fichtenwald-Subassoziation Rhodothamneto-Rhodoretum hirsuti piceetosum excelsae mit den Differenzialarten:

Picea excelsa
Lycopodium annotinum
Ptilium crista-castrensis

Bodenbasischer Fichtenwald, im Zirbenwald hochgekommen.

(Pinetum Cembrae basiferens ↗ PICEETUM.)

Floristischer Aufbau: Die Fichte beherrscht, da und dort von Zirben und Lärchen begleitet, die Baumschicht. Der Unterwuchs weist darauf hin, daß sich dieser Fichtenwald aus einer bodenbasischen Zirbenwaldgesellschaft entwickelt hat. Bodensaure Arten können da und dort bodensaure Rohhumusansammlungen besiedeln.

Der Lebenshaushalt dieses Fichtenwaldes ist besonders dadurch gekennzeichnet, daß die Bodenunterlage sehr basisch ist und wenig Wasser halten kann. Dem ist es zuzuschreiben, daß diese Fichtenwälder im Hinblick auf die Erhaltung des Wasserhaushaltes sehr pfleglich bewirtschaftet werden müssen.

Die Vegetationsentwicklung verlief hier schematisch dargestellt folgend hinauf und wird wie dargestellt immer wieder herabgewirtschaftet:

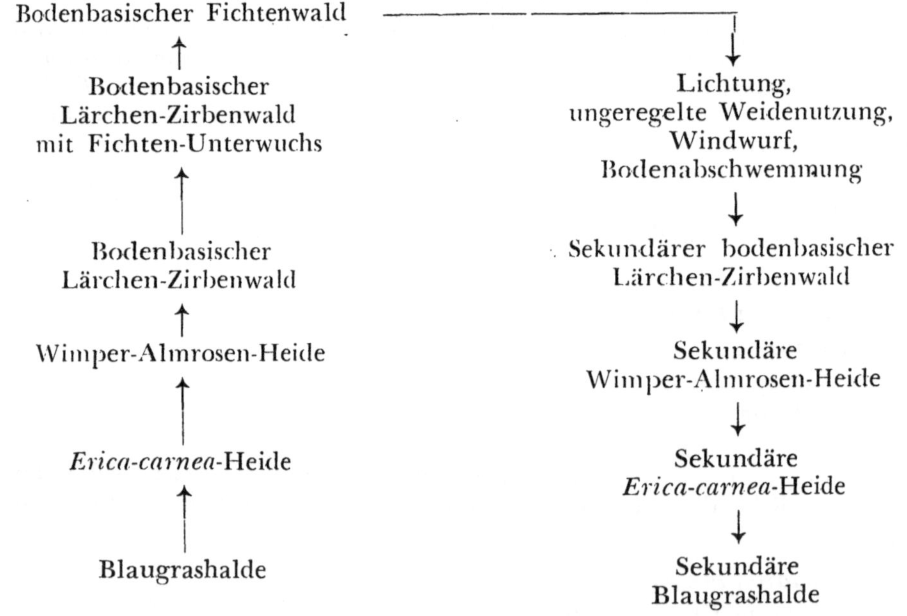

Schematische Darstellung: Junger Bergsturzboden wird in der Fichtenstufe vom Lärchen-Zirben-Pionierwald besiedelt (Pineto Cembrae-Laricetum ↗ Piceetum).

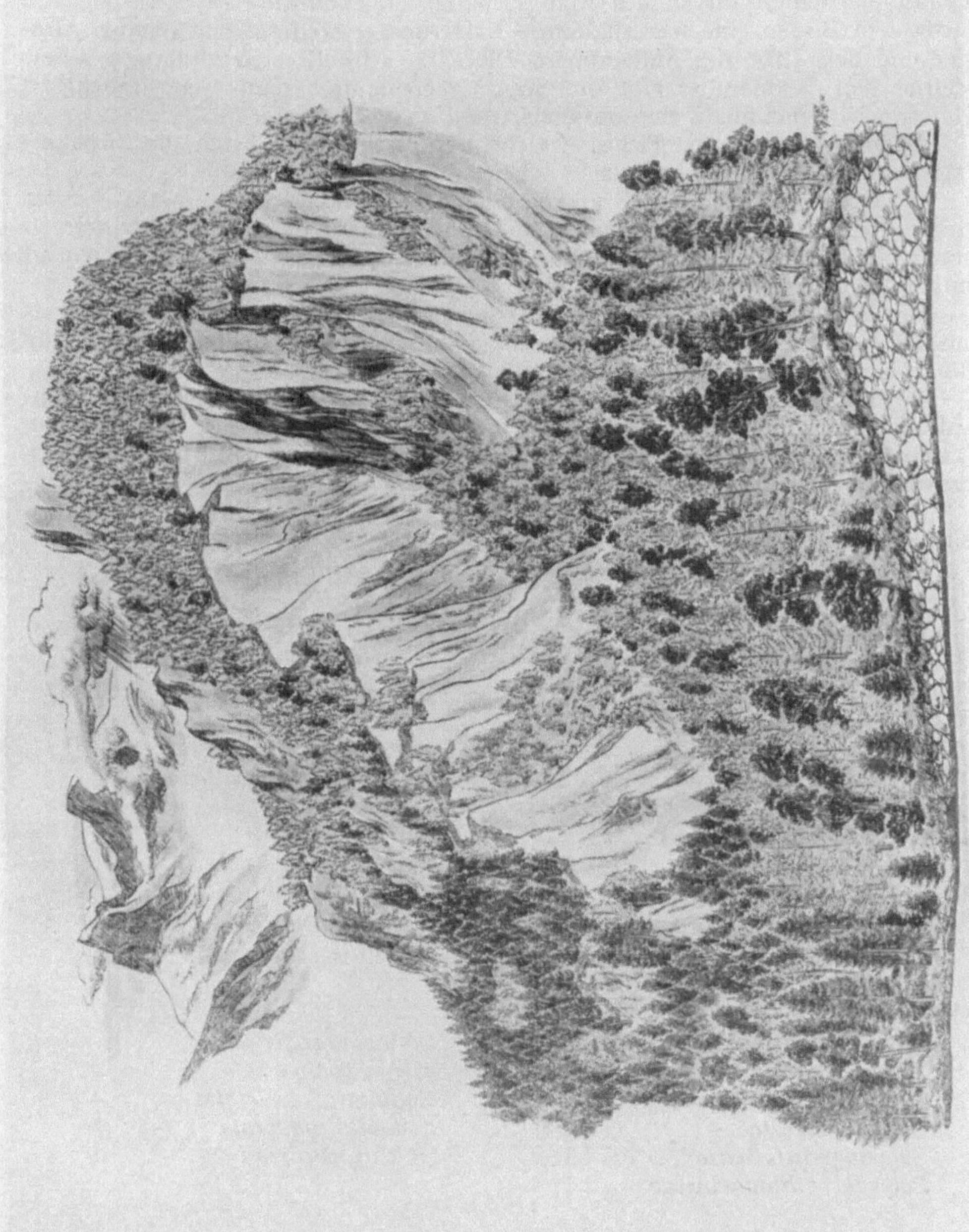

Dieser Gang der Vegetationsentwicklung läßt sich in den verschiedenen Stadien im Gebiete der Grundalm überall verfolgen.

Der wasserdurchlässige trockene Kalkboden wird von einer Schneeheide-Pioniergesellschaft, die in der Blaugrashalde aufgekommen ist, besiedelt. Sie bietet dem Boden eine wasserhaltende Kraft und ermöglicht der Wimper-Almrose und der Zirbe das Aufkommen. Die Zirbe schließt sich zusammen, überschirmt den Boden und gibt diesem im Vereine mit dem zwergstrauchigen Unterwuchs zunehmend eine wasserhaltende Kraft.

Damit bekommt die Fichte, welche die Beschattung durch die Zirbe ertragen kann, die Möglichkeit, sich lebenskräftig durchzusetzen.

Wirtschaftliche Folgerungen: Dieser Fichtenwald besitzt einen sehr labilen Wasserhaushalt, der bei waldverwüstenden Eingriffen so herabsinkt, daß die Fichten ihren Bedarf nicht mehr befriedigen können und zu kränkeln beginnen.

Wir müssen daher jede Bestandeslichtung dieses Fichtenwaldes so weit als möglich vermeiden, da er sonst bis zur Schneeheidegesellschaft, ja sogar zur Blaugrashalde herabgewirtschaftet werden kann.

Einen solchen bodenbasischen Fichtenwald, der im bodenbasischen Zirbenwald hochgekommen ist, untersuchte ich auf einem 20° geneigten Osthang ober Grundalm im Kärntner Nockgebiet, 1750 m Seehöhe, und fand folgenden floristischen Aufbau:

Baumschicht:

Picea excelsa	4.4	*Pinus Cembra*	1.2

Unterwuchs:

Picea excelsa	1.1	*Hieracium silvaticum*	+

Fichtenwaldarten:

Listera cordata	1.1	*Pirola uniflora*	+
Lycopodium annotinum	+.2	*Melampyrum silvaticum*	+

Bodensaure Arten:

Vaccinium Myrtillus	2.2	*Rhododendron ferrugineum*	+
Vaccinium Vitis-idaea	1.1	*Rhododendron intermedium*	+
Luzula silvatica ssp. *Sieberi*	1.1		

Bodenbasische Arten:

Rhododendron hirsutum	3.4	*Rubus saxatilis*	1.1
Erica carnea	2.3	*Sesleria varia*	+.2
Arctostaphylos Uva-ursi	1.2	*Globularia cordifolia*	+
Daphne striata	1.2	*Biscutella laevigata*	+
Calamagrostis varia	1.1	*Asplenium viride*	+
Polygala Chamaebuxus	1.1		

Moosschicht:

Rhytidiadelphus triquetrus	3.4	*Pleurozium Schreberi*	1.3
Hylocomium splendens	2.2	*Dicranum scoparium*	1.3

Wir haben es hier mit einem kranzmoosreichen Fichtenwald der unteren Nadelwaldstufe zu tun, mit einem Fichtenwald, der sich über einen bodenbasischen Zirbenwald entwickelt hat, der seinerseits in einer Zwergstrauchheide der Wimper-Alpenrose hochgekommen ist.

Im Sinne der Charakterartenlehre Braun-Blanquets gehört dieser Fichtenwald infolge reichlichen Auftretens von Vaccinio-Piceion-Verbands-Charakterarten:

Lycopodium annotinum,
Picea excelsa,
Pinus Cembra,
Luzula silvatica ssp. *Sieberi,*
Listera cordata,
Pirola uniflora,
Rhododendron ferrugineum,
Melampyrum silvaticum

zum Vaccinio-Piceion-Verband.

Innerhalb dieses Verbandes gehört dieser Fichtenwald zum Rhodoreto-Vaccinietum cembretosum piceosum; also zur Fichten-Fazies der Pinus Cembra-Subassoziation des Rhodoreto-Vaccinietum, welche durch die Charakterarten:

Rhododendron ferrugineum,
Luzula silvatica ssp. *Sieberi,*
Pinus Cembra

gekennzeichnet ist.

Da diese Gesellschaft über basischem Gestein wurzelt, enthält sie noch eine ganze Reihe basiphiler Pflanzen mit tiefgehender Bewurzelung als Relikte der vorangegangenen Assoziation (Rhodothamneto - Rhodoretum).

Durch starke Lichtstellung oder gar Kahlschlag verliert ein solcher Wald seinen ohnehin ungünstigen Wasserhaushalt und wird dadurch zum Zirbenwald, ja zur bodenbasischen Pioniergesellschaft degradiert.

So wurde ein solcher Fichtenwald, der auf einem 35° geneigten Südhang ober der Erlacherhütte im Langalpental in Kärnten wuchs, vor 10 Jahren stark gelichtet, insbesondere seiner Fichtenbäume beraubt. Dieser bodenverwüstende Eingriff hatte zur Folge, daß der Boden seine wasserhaltende Kraft sehr einbüßte und die Zirbe, begleitet von bodenbasischen Pflanzen, sich sekundär ausbreitete.

Nunmehr zeigt der ehemals geschlossene Fichtenwald folgenden floristischen Aufbau:

Baumschicht:

Larix decidua	+	*Sorbus aucuparia*	+
Pinus Cembra	+		

Strauchschicht:

Clematis alpina	2.2	*Salix grandifolia*	+.2
Lonicera nigra	+.2	*Sorbus Chamaemespilus*	+.2
Rosa pendulina	+		

Zwergstrauchschicht:

Rhododendron hirsutum	5.5	*Dentaria enneaphyllos*	+
Erica carnea	4.3	*Hieracium silvaticum*	+°
Vaccinium Myrtillus	3.3	*Homogyne alpina*	+
Rhododendron intermedium	2.2	*Moehringia muscosa*	+
Vaccinium Vitis-idaea	2.2	*Oxalis Acetosella*	+.2°
Deschampsia flexuosa	1.2°	*Peucedanum Ostruthium*	+
Calamagrostis varia	1.2°	*Phyteuma spicatum*	+
Luzula albida	1.1	*Prenanthes purpurea*	+
Adenostyles glabra	+°	*Salix glabra*	+
Bartschia alpina	+	*Salix grandifolia*	+
Campanula Scheuchzeri	+	*Sesleria varia*	+
Carex digitata	+	*Solidago alpestris*	+
		Valeriana tripteris	+

Moosschicht:

Rhytidiadelphus triquetrus	4.4	*Dicranum scoparium*	+.2
Hylocomium splendens	2.3	*Plagiochila asplenioides*	+
Pleurozium Schreberi	1.2	*Cetraria islandica*	+

Wir ersehen aus dieser Aufnahme, daß die gelichtete Baumschicht bestes Wachstum zeigt, daß die Krautschicht mosaikartig aufgebaut ist und Vertreter der *Erica-carnea*-Zwergstrauchheide, der Hochstaudenflur, der Blaugrashalde und des bodensauren Fichtenmischwaldes enthält.

Aus vergleichenden Untersuchungen unter Berücksichtigung der noch heute vor sich gehenden Waldverwüstungen ist anzunehmen, daß dieser Wald folgend entstanden ist.

Der Fichtenmischwald mit seinem geschlossenen Hochstaudenunterwuchs wurde gelichtet und damit dem Niederschlag der Boden geöffnet. So konnte von diesem Steilhang die wasserhaltende Feinerde weggewaschen und der Boden verdichtet werden. Der anschließende ungeregelte Weidebetrieb hat den Boden immer wieder geöffnet und die Bodenabschwemmung begünstigt, zur Verhärtung des Bodens beigetragen und die Ausbreitung bodensaurer Arten, wie der Heidelbeere, der Preißelbeere, der Goldrute, des Grün-Brandlattichs, des Wald-Wachtelweizens, begünstigt.

Aber auch hier blieb die Entwicklung nicht stehen, denn dann und wann ist in den gelichteten Bestand noch der Wind eingedrungen, hat hier einen Stamm geknickt, dort eine Fichte mit der gewaltig großen Tellerwurzel samt ihrem Wurzelballen umgeworfen, damit den Bestand weiter gelichtet und den Boden bis auf den kalkigen Untergrund geöffnet. So hat der Wind auch zur weiteren Bodenabschwemmung beigetragen und hat im Vereine mit der rücksichtslosen Weideraubwirtschaft den Eintritt von allen möglichen Pflanzen begünstigt.

So breiteten sich auf den offenen, mehr oder weniger trockenen Stellen die Pflanzen der Blaugrashalde aus, an einer anderen Stelle die der *Erica-carnea*-Heide, die der Wimper-Almrosen-Heide und die der Reitgrasflur. Nur dort, wo sich der mullige, an Bodenleben reiche Feinerdeboden halten konnte, dort haben sich noch die Hochstauden behauptet, während die Rohhumuspflanzen dort noch blieben, wo der Rohhumus nicht abgeschwemmt wurde.

Aber auch hier bleibt die Waldverwüstung nicht stehen, sie geht in der geschilderten Weise weiter. Der Boden wird damit offener, trockener.

Bodenbasischer Fichtenwald, im Lärchenwald hochgekommen.

Floristischer Aufbau: Die Fichte beherrscht mehr oder weniger die Baumschicht, begleitet von Lärchen, während Zirben oder Legföhren in der Strauchschicht fehlen. In der Strauchschicht können da und dort noch Ebereschen vorkommen. Im Niederwuchs sind die bodentrockenen, bodenbasischen Arten meist herrschend vertreten, während die Fichtenwaldarten und die bodensauren Arten mehr zurücktreten. Auch anspruchsvolle Laubwaldarten fehlen fast ganz.

Haushalt: Auch diese Fichtenwälder siedeln auf trockenen basischen Böden. Wir finden sie in der Fichtenstufe und in den oberen Laubwaldstufen überall dort, wo die Lärche die Entwicklung des hochstämmigen Waldes eingeleitet hat, wo aber infolge des trockenen Bodens anspruchsvollere Holzarten nicht konkurrenzfähig sind.

Entwicklung: Die Vegetationsentwicklung kann hier, schematisch dargestellt, folgend verlaufen:

Fichtenwald

↑

Lärchen-Fichten-Mischwald

↑

Bodenbasischer Lärchenwald

↑

Calamagrostis-varia-Bestand

↑

Sesleria-varia-Rasen

Beispiel: Einen Fichtenwald, der im bodenbasischen Lärchenwald aufgekommen war, untersuchte ich in Klammstein am Ausgang des Gasteiner Tales im Alpeninnern auf einem 30° geneigten Südhang auf Schuttmantel.

Floristischer Aufbau:

Baumschicht:

Picea excelsa	4.5	*Larix decidua*	+

Strauchschicht:

Picea excelsa	1.1	*Sorbus aucuparia*	+

Niederwuchs:

Fichtenwaldarten:

Melampyrum silvaticum	+.2

B o d e n b a s i s c h e A r t e n :

Calamagrostis varia	5.5	*Cynanchum Vincetoxicum*	+
Carex alba	3.2	*Globularia cordifolia*	+
Sesleria varia	1.2	*Epipactis atrorubens*	+
Polygala Chamaebuxus	1.2	*Anthericum ramosum*	+
Buphthalmum salicifolium	1.1	*Scabiosa Columbaria*	+
Adenostyles glabra	+	*Carduus defloratus*	+

A n s p r u c h s v o l l e L a u b w a l d a r t e n :

Melica nutans	1.2	*Acer Pseudoplatanus*	+

B e g l e i t e r :

Valeriana tripteris	2.2	*Rosa pendulina*	+
Rhamnus cathartica	+		

M o o s e :

Rhytidiadelphus triquetrus	1.3

Ich stelle diesen Fichtenwald wegen des Hervortretens der bodenbasischen Arten zum bodenbasischen Fichtenwald (PICEETUM basiferens).

Vergleichende Untersuchungen beweisen, daß er unter dem Lärchenwald hochgekommen ist. Waldverwüstende Eingriffe (Kahlschlag, Brand) zeigen, daß immer wieder der Fichtenwald zum Lärchenwald degradiert wird. Wir haben es also mit einem bodenbasischen Fichtenwald zu tun, der im Unterwuchs eines Lärchenwaldes hochgekommen ist (Laricetum basiferens ↗ PICEETUM). Zur besonderen Kennzeichnung seines Haushaltes können wir noch den Hinweis geben, daß in seinem Unterwuchs das Bunt-Reitgras *(Calamagrostis varia)* herrschend hervortritt. Wir haben also einen buntreitgrasreichen Fichtenwald, der sich über den Lärchenwald herauf entwickelt hat (Laricetum basiferens ↗ PICEETUM calamagrostidosum variae).

Bildet nun dieser Fichtenwald das Schlußglied der Vegetationsentwicklung oder gibt es eine Weiterentwicklung?

Wir haben es hier mit einer Dauergesellschaft zu tun, die sich infolge Steilheit des Gehänges nicht mehr weiter zum anspruchsvollen Laubmischwald entwickeln kann.

Freilich besitzt dieser Fichtenwald mit Ausnahme von *Melampyrum silvaticum* keine Charakterarten und ist daher im Sinne der Charakterartenlehre schwer als Piceetum zu fassen, ja er besitzt vielmehr Arten des bodenbasischen Kiefernwaldes. Und doch müssen wir ihm als Fichtenwald eine selbständige Stellung geben, denn er hat sich ohne Zutun der Menschen natürlich verjüngt und zum hochstämmigen Wald heraufentwickelt.

Die Fichte konnte sich durchsetzen, weil sie die Beschattung unter den Lärchenkronen viel besser ertragen kann als die lichtbedürftige Lärche selbst. Dazu kommt, daß sie hier in der Klamm die Bodentrockenheit recht gut ertragen kann, weil die Luftfeuchtigkeit die Wasserverdunstung herabsetzt. Der Boden ist ein mehr oder weniger trockener Kalkgeröllboden; das Klima ist ein sehr luftfeuchtes Klima der Fichtenstufe.

W i r t s c h a f t l i c h e F o l g e r u n g e n : Wenn auch die Fichte sich hier natürlich durchgesetzt und die Lärche zurückgedrängt hat, so zeigt sie doch geringe Lebenskraft und ist hier am Steilhang durch Steinschlag und Schneeschub gefährdet.

Die Lärche ist gegen diese Gefahren widerstandsfähiger und daher ist der Lärchenwald sehr standortgemäß. Die Forstwirtschaft sollte daher den natürlichen Gang der Vegetationsentwicklung zum Fichtenwald nicht unterstützen, sondern einen Lärchenwald mit Fichtenunterwuchs anstreben, weil die dickborkige, harzreiche Lärche Steinschlag und Schneeschub besser ertragen kann. Der Fichtenunterwuchs beschattet den Boden und hebt seinen Wasserhaushalt.

Im Sinne der Charakterartenlehre Braun-Blanquets gehört dieser bodenbasische Fichtenwald auf Grund der Verbandscharakterarten:

Epipactis atrorubens — *Carex alba*
Polygala Chamaebuxus

zum Pineto-Ericion Br.-Bl. 1939.

Die Arten:

Adenostyles glabra — *Cynanchum Vincetoxicum*
Carduus defloratus — *Anthericum ramosum*
Calamagrostis varia — *Globularia cordifolia*
Polygala Chamaebuxus — *Sesleria varia*

kennzeichnen mit den Verbandscharakterarten den bodenbasischen Unterwuchs. Braun-Blanquet stellt zum Pineto-Ericion die basiphilen und neutrophilen Nadelwaldgesellschaften, die fast stets als Pionierwald auf Kalkrohboden auftreten.

Dazu bemerke ich, daß diese Nadelwaldgesellschaft durch die Lärche besonders ausgezeichnet ist, welcher diese Lagen besonders zusagen.

Pinus Mugo kann nicht aufkommen, weil ihr hier die winterliche Schneebedeckung fehlt.

Pinus silvestris könnte hier nicht gedeihen, weil es hier zu kalt ist.

Die kältehärtere Engadinerkiefer fehlt hier aus pflanzengeographischen Gründen.

Weißseggen-reicher Fichtenwald, im bodenbasischen Lärchenwald aufgekommen, in Entwicklung zum Rotbuchen-Tannenwald.

Floristischer Aufbau: Neben der die Baumschicht beherrschenden Fichte können auch Buchen lebenskräftig hoch wachsen. Im Niederwuchs weisen Fichtenwaldarten und bodensaure Arten auf den natürlichen Fichtenwald hin.

Anspruchsvollere Arten des Rotbuchenwaldes lassen die Beziehung zum Buchenwald erkennen. Je optimaler die klimatischen Verhältnisse für die Buche sind, desto eher kann sie auch auf Böden vorkommen, die einen verhältnismäßig ungünstigen Wasser- und Nährstoffhaushalt besitzen. So kommt es, daß im Gebiet des Schwarzwaldes, der infolge seiner großen Luftfeuchtigkeit der Buche besonders zusagt, in Fichtenwäldern der oberen Buchenstufe die Rotbuche auch auf nährstoffarmen Böden gut aufkommen kann. In den Gebieten hingegen, die der Buche in klimatischer Hinsicht nicht so optimale Lebensmöglichkeiten bieten, stellt die Buche auch an den Nährstoffgehalt des Bodens größere Ansprüche und sie ist hier daher meist mit Buchenwaldarten und anspruchsvollen Laubwaldarten vergesellschaftet.

B e i s p i e l : Einen 20 m hohen, 0,9 bestockten Fichtenwald untersuchte ich im oberen Teil des nicht mehr berieselten Oschelitzenschuttkegels bei Tröpolach im Gailtal.

B a u m s c h i c h t :

Picea excelsa, Bestockung	0,9		

S t r a u c h s c h i c h t :

Picea excelsa	+		

N i e d e r w u c h s :

F i c h t e n w a l d a r t e n :

Goodyera repens	1.2	*Picea excelsa*	1.1

B o d e n s a u r e A r t e n :

Oxalis Acetosella	3.2	*Lycopodium annotinum*	+
Pirola secunda	+	*Saxifraga cuneifolia*	+

A n s p r u c h s v o l l e L a u b w a l d a r t e n :

Fagus silvatica	+	*Salvia glutinosa*	+
Hieracium silvaticum	+	*Mycelis muralis*	+
Carex digitata	+	*Abies alba*	+

B o d e n b a s i s c h e A r t e n :

Carex alba	5.5	*Sorbus aucuparia*	+
Epipactis atrorubens	+	*Ajuga reptans*	+

M o o s e :

Hylocomium splendens	5.5		

Ich stelle diesen Wald zum „Laricetum basiferens ↗ PICEETUM caricosum albae ↗ Fagetum“; also zum weißseggenreichen Fichtenwald, der in einem bodenbasischen Lärchenwald hochgekommen ist und sich früher oder später zum Buchen-Mischwald entwickeln wird.

Die Fichte beherrscht völlig lebenskräftig den Boden und verjüngt sich und ist daher in der Strauch- und Krautschicht vertreten. Die Lärche kommt nicht mehr vor, weil sie die Beschattung durch die hohen Fichten auf keinen Fall ertragen kann.

Carex alba, Epipactis atrorubens sind als Reste des ehemaligen bodentrockenen Waldes anzusehen. Gute Charakterarten des Fichtenwaldes fehlen. Dafür aber sind *Goodyera repens, Lycopodium annotinum* und *Pirola secunda* einigermaßen charakteristisch für den Fichtenwald.

Die Beziehung zum Buchenwald geht daraus hervor, daß die Buche in der Krautschicht vertreten ist, begleitet von *Abies* und anderen mehr oder weniger anspruchsvollen Arten, vor allem aber dadurch, daß sich im benachbarten nicht streugenutzten Walde die Buche in der Baumschicht schon durchgesetzt hat.

Der Haushalt ist gekennzeichnet durch seine Lage in der Oberen Buchenstufe, durch den von Haus aus sehr wasserdurchlässigen Kalkschuttkegelboden, der im Zuge der Bodenbildung und Vegetationsentwicklung oberflächlich einen solchen Wasserhaushalt bekommen hatte, daß er der Fichte zum lebenskräftigen Aufkommen gute Voraussetzungen bieten konnte.

Der Gang der Vegetationsentwicklung erfolgte, schematisch dargestellt, folgend:

Buchen-Tannen-Fichten-Mischwald

↑

Fichtenwald mit Buchen-Unterwuchs

↑

Bodenbasischer Lärchenwald mit Fichten-Unterwuchs

↑

Bodenbasischer Lärchenwald

Wirtschaftliche Folgerungen: Das herrschende Hervortreten der Weiß-Segge und des Glanzmooses zeigt uns, daß der Wasserhaushalt des Oberbodens wenig gut ist.

Der Wald erinnert ein wenig an den Fichtenwald bei Klammstein, der aber in der Bergahorn-Stufe gelegen ist und daher sich nicht zum Buchenwald entwickeln kann.

Unser Wald ist im optimalen Buchenklimagebiet gelegen und daher stellt die Buche infolge der hohen Luftfeuchtigkeit des Klimas an den guten Wasserhaushalt des Bodens geringere Ansprüche.

Das heißt, es kann hier im sehr luftfeuchten Klima ein Fichtenwald mit diesem floristischen Aufbau des Niederwuchses schon Beziehungen zum Buchenwald haben, also schon der Buche zum lebenskräftigen Aufkommen Lebensmöglichkeiten bieten, während er in der Höhenstufe des Bergahorns, wo die Buche fehlt, Beziehungen zum Bergahornwald hat.

Weißseggen-*(Carex alba-)*reicher Fichtenwald auf alten Bergsturzböden der Schütt.

Diese Erkenntnis ist für die Praxis sehr wichtig, weil sie uns zeigt, daß Wälder mit ähnlichem floristischen Aufbau des Niederwuchses in den verschiedenen Klimagebieten verschiedenen Holzarten Lebensmöglichkeiten bieten können. Differenzialarten werden die Holzartenfrage klären.

Dieser Fichtenwald gehört im Sinne der Charakterartenlehre Braun-Blanquets zum Unterverband Abieto-Piceion Br.-Bl. 1939, welcher durch das Hervortreten montaner Arten und das Fehlen oder starke Zurücktreten der Vaccinien ausgezeichnet ist.

Innerhalb dieses Unterverbandes gehört er zum Piceetum transalpinum Br.-Bl. 1939, welche Assoziation durch die regionalen Charakterarten:

Saxifraga cuneifolia
Pirola secunda
Goodyera repens

gekennzeichnet ist.

Sanikel-reicher Fichtenwald, im bodenbasischen Lärchenwald aufgekommen, in Entwicklung zum Rotbuchen-Tannenwald.

Einen solchen Fichtenwald untersuchte ich am 10° geneigten Nordhang am Talschluß des Blühnbachtales in 800 m Seehöhe.

Floristischer Aufbau:

Baumschicht:

Picea excelsa, Bestockung	0,7	*Acer Pseudoplatanus*	+
Fagus silvatica, Bestockung	0,2	*Abies alba*	+
Larix decidua, Bestockung	0,1		

Strauchschicht:

Fagus silvatica	+	*Picea excelsa*	+
Abies alba	+	*Sorbus aucuparia*	+

Niederwuchs:

Fichtenwaldarten:

Picea excelsa	1.1	*Melampyrum silvaticum*	1.2
Pirola uniflora	1.1	*Listera cordata*	1.2
Galium scabrum	1.2	*Luzula flavescens*	+

Bodensaure Arten:

Oxalis Acetosella	2.2	*Prenanthes purpurea*	1.1
Majanthemum bifolium	2.2		

Anspruchsvolle Laubwaldarten:

Sanicula europaea	3.4	*Hieracium silvaticum*	1.1
Salvia glutinosa	1.2	*Actaea spicata*	1.1
Mercurialis perennis	1.2	*Neottia Nidus-avis*	+
Viola silvestris	1.2	*Paris quadrifolia*	+
Cardamine trifolia	1.2		

Begleiter:

Dryopteris Filix-mas	1.3	*Senecio Fuchsii*	1.1
Carex alba	1.2	*Polygonatum verticillatum*	+

Moose:

Rhytidiadelphus triquetrus	4.5	*Hylocomium splendens*	+.2
Rhytidiadelphus loreus	2.2	*Dicranum scoparium*	+.2
Pleurozium Schreberi	1.2		

Ich stelle diesen Fichtenwald zum sanikelreichen Fichten-Buchen-Mischwald, der im bodenbasischen Lärchenwald aufgekommen ist und sich zum Buchen-Tannen-Fichten-Mischwald entwickelt. „Laricetum basiferens ↗ Fageto-PICEETUM saniculosum ↗ Abieteto-Fagetum“.

Die Fichte beherrscht mehr oder weniger die Baumschicht. Im Niederwuchs treten Arten hervor, die für den natürlichen Fichtenwald besonders bezeichnend sind: *Pirola uniflora, Galium scabrum (= rotundifolium), Luzula flavescens, Melampyrum silvaticum, Listera cordata.*

Rhytidiadelphus loreus, Dicranum scoparium, Hylocomium splendens im Unterwuchs eines geschlossenen Fichtenwaldes.

Die Beziehung zum Buchenwald ist klar. Die Buche ist bereits in die Baumschicht hineingewachsen, begleitet von Tanne und Bergahorn und im Niederwuchs hat sich schon eine ganze Reihe anspruchsvoller Buchenwaldpflanzen eingefunden.

Vergleichende Untersuchungen zeigen, daß die Vegetationsentwicklung zum Fichtenwald über eine bodenbasische Lärchen-Pioniergesellschaft erfolgt. Die Lärche hatte früher sicherlich eine größere Verbreitung und wurde als Lichtholzart zurückgedrängt. Sie ist in der Baumschicht, wenn auch eingeengt, noch vertreten.

Als Rest dieses Lärchenpionierstadiums ist die Weiß-Segge anzusehen.

Die Vegetationsentwicklung verläuft, schematisch dargestellt, folgend:

Buchen-Tannen-Fichten-Mischwald

↑

Fichten-Buchen-Mischwald

↑

Fichtenwald mit Buchen-Unterwuchs

↑

Bodenbasischer Lärchenwald mit Fichten-Unterwuchs

↑

Bodenbasischer Lärchenwald

Danach müssen wir annehmen, daß im Zuge der Bodenbildung und Vegetationsentwicklung der Wasser- und Nährstoffhaushalt steigt.

Der Haushalt ist gekennzeichnet durch das kühl-feuchte ausgeglichene Klima der oberen Buchenstufe und durch den guten Wasser- und Nährstoffhaushalt.

Wirtschaftliche Folgerungen: Dieser Fichtenwald hat erst im Zuge der Waldentwicklung einen guten Wasser- und Nährstoffhaushalt bekommen.

Wir müssen daher den Wald so pfleglich wie möglich bewirtschaften, weil alle waldverwüstenden Eingriffe den Wasserhaushalt herabsetzen und dem Fichtenwald die Möglichkeit nehmen, sich zum Buchen-Tannen-Fichtenwald zu entwickeln. Dadurch wird auch die Zuwachsleistung des Waldes verringert, die Fichte verliert an Lebenskraft und so wird der Wald zum minderwertigen, schlechtwüchsigen Fichten-Lärchen-Mischwald degradiert. Schließlich kann sich nach wiederholten Kahlschlägen meist nur noch ein schlechtwüchsiger Lärchenwald aufbauen.

Im Sinne der Charakterartenlehre Braun-Blanquets stelle ich diesen Fichtenwald zum Unterverband Abieto-Piceion Br.-Bl. 1939 und innerhalb dieses zur Galium scabrum-Subassoziation des Piceetum montanum Br.-Bl. 1938.

Bodenbasischer Fichtenwald, im Rotföhrenwald hochgekommen.

Floristischer Aufbau: Die Fichte beherrscht mehr oder weniger die Baumschicht, begleitet von Rotföhren. In der Strauchschicht kommen neben Fichten auch Bodentrockenheit ertragende Sträucher vor. Im Niederwuchs weisen die auftretenden bodentrockenen, bodenbasischen Arten auf die Beziehung zur bodenbasischen Waldgesellschaft hin. Daneben kommen aber auch viele für den Fichtenwald bezeichnende Arten auf, ja im vorgeschrittenen Entwicklungsstadium kommen da und dort auch anspruchsvolle Laubwaldarten in geringer Lebenskraft vor.

Haushalt: Dieser Fichtenwald besiedelt mehr oder weniger trockenen Boden, in wärmeren, tieferen Lagen, wo Lärchen, Legföhren oder Zirben nicht konkurrenzfähig sind. Wir finden ihn aber auch im zentralalpinen Föhrengebiet.

Entwicklung: Dieser Fichtenwald konnte sich dort aufbauen, wo der Rotföhrenwald durch seinen Bestandesabfall dem trockenen basischen Boden eine solche wasserhaltende Kraft gegeben hat, daß auch die Fichte Lebensmöglichkeiten fand. Dann konnte sie sich im Schatten der Rotföhren einfinden und schließlich durchsetzen und die Herrschaft an sich reißen. In der Fichtenstufe bildet der Fichtenwald die Schlußgesellschaft, während in den Buchenstufen die Entwicklung weiter zum Buchenwald führen kann. Schematisch kann diese Entwicklung z. B. folgend vor sich gehen:

Bodenbasischer Rotbuchen-Tannen-Fichten-Mischwald
Abieteto-Fagetum piceetosum basiferens

↑

Bodenbasischer Fichtenwald
Piceetum fagetosum basiferens

↑

Bodenbasischer Fichtenwald
Piceetum pinetosum silvestris basiferens

↑

Bodenbasischer Rotföhrenwald
Pinetum silvestris piceetosum basiferens

↑

Bodenbasischer Rotföhrenwald
Pinetum silvestris ericetosum basiferens

Für die Vegetationsentwicklung ist von entscheidender Bedeutung die Hebung des Wasser- und Nährstoffhaushaltes im Oberboden und die Versauerung des Oberbodens durch die Nadelstreu der Rotföhre und Schneeheide.

Einen 12 m hohen, räumdigen, 0,7 bestockten Fichtenwald untersuchte ich auf einem 25° Nord geneigten Hang im tief eingeschnittenen Teufelsgraben westlich Villach auf Dolomitschuttmantelboden und fand folgenden floristischen Aufbau:

Baumschicht:

Picea excelsa	4.5	*Pinus silvestris*	$+^0$
Fagus silvatica	+		

Niederwuchs:

Fichtenwaldarten:

Pirola uniflora	1.1	*Goodyera repens*	+
Homogyne alpina	+.2	*Listera cordata*	+
Lycopodium annotinum	+.2		

B o d e n s a u r e   B e g l e i t e r :

Vaccinium Myrtillus	2.2	*Pirola secunda*	+
Oxalis Acetosella	2.2		

B o d e n b a s i s c h e   A r t e n :

Rhododendron hirsutum	3.5	*Carex alba*	1.2
Erica carnea	$+.2^{0}$	*Lastrea obtusifolia* (= *Dryopteris Robertiana*)	1.1
Calamagrostis varia	1.2		

A n s p r u c h s v o l l e r e   A r t e n :

Fagus silvatica	1.1	*Dentaria enneaphyllos*	+
Carex digitata	+.2	*Listera ovata*	$+^{0}$
Daphne Mezereum	+	*Aruncus vulgaris*	+
Anemone trifolia	$+^{0}$	*Actaea spicata*	+
Mercurialis perennis	+	*Dentaria pentaphyllos*	+
Hieracium silvaticum	+	*Valeriana tripteris*	+
Homogyne silvestris	+	*Prenanthes purpurea*	+
Hepatica nobilis	+		

M o o s e :

Rhytidiadelphus triquetrus	2.3	*Pleurozium Schreberi*	1.2
Ctenidium molluscum	1.3	*Rhytidiadelphus loreus*	1.2
Hylocomium splendens	1.2		

Ich stelle diesen Wald zum „Pinetum silvestris basiferens sec. ↗ PICEETUM rhododendrosum hirsuti ↗ Fagetum“, also zum „Wimper-Alpenrosenreichen Fichtenwald“, der in einem sekundären bodenbasischen Rotföhrenwald hochgekommen ist und sich früher oder später zum Rotbuchenwald weiter entwickelt.

S c h e m a t i s c h e   D a r s t e l l u n g :

Buchen-Tannen-Fichten-Mischwald

↑

Fichtenwald mit Buchen-Unterwuchs

↑

Fichten-Rotföhren-Mischwald

↑

Rotföhrenwald mit Fichten-Unterwuchs

↑

Wimper-Alpenrosen-reicher Rotföhrenwald

Wimper-Alpenrosen-Heide

Die Fichte bedeckt mehr oder weniger geschlossen den Boden, begleitet von einer Anzahl von Charakterarten.

Die Beziehung zum Buchenwald geht klar daraus hervor, daß sich die Buche schon in der Baumschicht eingefunden hat und junge Buchenpflanzen, begleitet von Charakterarten des Buchenwaldes, im Niederwuchs aufkommen. Die Almrose ist als Pionierart für den Aufbau unseres Waldes sehr bezeichnend. In der Wimper-Alpenrosen-Heide ist die Rotföhre hochgekommen und sie hält sich auch jetzt noch im lichten Fichtenwald als Rest, denn das luftfeuchte kühle Klima, der schneereiche schattige Hang, der basische Boden sagen ihr besonders zu.

Fichtenverjüngung auf alten Bergsturzböden der Schütt.

Der Haushalt dieses Waldes ist gekennzeichnet durch seine Lage am schattigen schneereichen Hang im kühl-feuchten Teufelsgraben der oberen Buchenstufe, sowie durch den guten Wasser- und mäßigen Nährstoff-Haushalt.

Wirtschaftliche Folgerungen: Dieser Fichtenwald gehört nur infolge seiner lichten Bestokkung der Wimper-Alpenrosen-Fazies an. Wäre er geschlossen, so würde die Almrose stark zurücktreten und mit ihr alle die lichtbedürftigen Arten, wie *Pinus silvestris, Erica carnea, Carex alba.* Damit würden aber die anspruchsvollen Arten mehr Möglichkeiten haben, sich auszubreiten und die Vegetationsentwicklung würde dem Buchenwald näher stehen.

Unser Ziel muß also darauf gerichtet sein, den Bestand so geschlossen wie möglich zu bewirtschaften, um einen lebenskräftigen Buchen-Tannen-Fichten-Mischwald aufbauen zu können. Insbesondere müssen wir hier am Steilhang den Kahlschlag auf jeden Fall unterlassen, weil er sonst im Sinne der schematischen Darstellung der Vegetationsentwicklung leicht zum Rotföhrenwald degradiert werden kann. Aber auch, weil Schneeschub das Aufkommen des jungen Waldes gefährdet.

Im Sinne der Charakterartenlehre Braun-Blanquets stelle ich diesen Fichtenwald zum Piceetum montanum pinetosum silvestris Br.-Bl. 1938, des Unterverbandes Abieto-Piceion Br.-Bl. 1939.

Einen anderen bodenbasischen Fichtenwald untersuchte ich im Gebiete der Schütt am Südfuße der Villacher Alpe in mehr oder weniger ebener Lage auf Schuttkegelboden, südlich Thonetmühle.

Aufnahme.

Der floristische Aufbau ergab am 20. Mai 1935 folgendes Bild:

Baumschicht: 15 m hoch

Picea excelsa, bestockt	0,8	*Pinus silvestris,* bestockt	0,2

Strauchschicht:

Picea excelsa	1.1	*Berberis vulgaris*	+
Fagus silvatica	+.3	*Juniperus communis*	+

Niederwuchs:

Erica carnea	1.3	*Pteridium aquilinum*	+
Listera cordata	1.2	*Aquilegia vulgaris*	+
Melica nutans	1.2	*Carex flacca*	+
Hieracium silvaticum	1.1	*Listera ovata*	+
Polygala Chamaebuxus	+	*Galium vernum*	+
Cyclamen europaeum	+	*Viola silvestris*	+
Aremonia agrimonioides	+	*Sorbus aucuparia*	+
Goodyera repens	+	*Euphorbia amygdaloides*	+

Moosschicht:

Rhytidiadelphus triquetrus	3.4	*Dicranum scoparium*	1.2
Rhytidiadelphus loreus	1.3	*Pseudoscleropodium purum*	+.2
Pleurozium Schreberi	1.2		
Hylocomium splendens	1.2		

Den Boden dieses nur 5—40jährigen Fichten-Plenterwaldes bewurzeln noch alte Rotföhrenwurzelstöcke, deren Kronen noch vor wenigen Jahren die Fichtenjugend beschirmten. Zum Unterschied vom vorher besprochenen Fichtenwald treten im Niederwuchs dieser Fichtenwälder eine große Zahl bodensaurer Arten hervor und in der Strauchschicht Buchenausschläge.

Wir müssen annehmen, daß wir es hier mit einem sekundären Fichtenwald zu tun haben, dessen Boden schon einmal vom Buchenmischwald besiedelt war und durch Kahlschlag und Streunutzung oberflächlich versauerte. Wie ist es möglich, daß im Boden noch die alten Rotföhrenstöcke wurzeln und daneben die Buchenstöcke ausschlagen?

Schematische Darstellung:

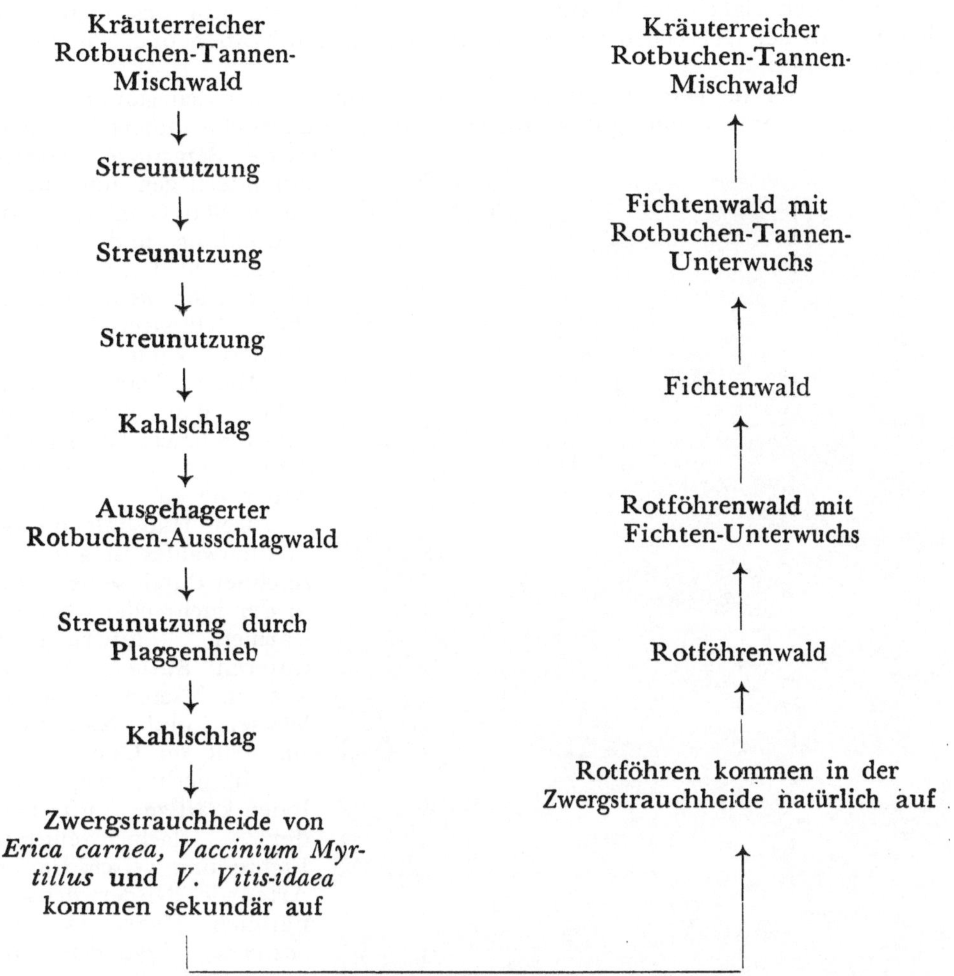

Wir haben also einen kranzmoosreichen Fichtenwald vor uns, der im *Erica-carnea*-reichen Rotföhrenwald aufgekommen ist und sich früher oder später zum Rotbuchen-Mischwald weiter entwickeln wird (Pinetum silvestris ericosum ↗ PICEETUM rhytidiadelphosum triquetri ↗ Fagetum).

Den Hinweis, daß wir es mit einem bodenbasischen Fichtenwald zu tun haben, können wir uns ersparen, weil diesen Hinweis schon die Bezeichnung „ericosum" liefert.

Wir haben einen Fichtenwald vor uns, der sich natürlich durchgesetzt hat. In diesem beherrscht die Fichte völlig die Baumschicht und tritt auch in der Strauchschicht mehr oder weniger hervor. Im Niederwuchs finden wir die für den Fichtenwald so bezeichnenden Orchideen, das Zweiblatt *(Listera cordata)*, und den Kriechstendel *(Goodyera repens)* und in der Moosschicht das Kranzmoos *(Rhytidiadelphus triquetrus)* neben anderen gebräuchlichen Moosen auftreten.

Die Zugehörigkeit zur Kranzmoos-Fazies ist klar. Sie gibt uns auch den Hinweis, daß der Oberboden einen für die Fichte guten Wasser- und Nährstoffhaushalt besitzt.

Gerade hier im Bergsturzgebiete der Schütt können wir den ganzen Gang der Vegetationsentwicklung gut verfolgen, weil frühhistorische und viele historische Bergstürze nebeneinanderliegen und man daher den Gang der Bodenbildung und Vegetationsentwicklung unter mehr oder weniger gleichen Klimaverhältnissen studieren kann.

Fichtenwald besiedelt den felsblockreichen Bergsturzboden.

Dazu kommt, daß neben den Bergstürzen verschiedenen Alters auch Schuttkegel verschiedenen Alters liegen.

Der Haushalt dieses Fichtenwaldes ist gekennzeichnet durch seine Lage in der mehr oder weniger warmen luftfeuchten unteren Buchenstufe sowie durch seinen mäßigen Wasser- und Nährstoffhaushalt im Oberboden.

Immerhin zeigt das lebenskräftige Auftreten der flachwurzelnden Fichte und verschiedener Arten des Niederwuchses, nämlich *Hieracium silvaticum, Aquilegia vulgaris, Viola silvestris, Melica nutans, Aremonia agrimonioides, Listera ovata, Pteridium aquilinum, Carex flacca, Rhytidiadelphus triquetrus,* den verhältnismäßig günstigen Wasserhaushalt im Ober- und Unterboden an.

Dieser Wasserhaushalt ist aber sehr labil und muß daher besonders behütet werden, weil sonst dieser Wald zur *Erica*-Heide degradiert werden kann.

Im Sinne der Charakterartenlehre Braun-Blanquets haben wir es hier mit einem Einzelbestande der Assoziation Aremonieto-Piceetum Horvat 1939 zu tun, also mit einer Fichtenwaldassoziation des Unterverbandes Abieto-Piceion Br.-Bl. 1939.

Der Unterverband ist durch montane Arten wie *Aquilegia vulgaris, Fagus silvatica, Listera ovata, Galium vernum, Viola silvestris, Euphorbia amygdaloides* gekennzeichnet.

Horvat weist darauf hin, daß diese Assoziation in den kroatischen Alpen keine zusammenhängende Vegetationsstufe, sondern innerhalb der Buchenstufe eine lokalklimatisch und orographisch bedingte Dauergesellschaft bildet.

Einen ganz anderen bodenbasischen Fichtenwald, der unter den lichten Kronen des Engadin-Rotföhren-Waldes hochgekommen ist, untersuchte ich in 1400 m Seehöhe auf einem 15° geneigten NW-Hang ober Hochfinstermünz im Oberen Inntal und fand folgenden floristischen Aufbau:

Baumschicht:

Picea excelsa, 0,8 bestockt		*Pinus silvestris* subsp. *engadinensis,* 0,2 bestockt	

Strauchschicht:

Berberis vulgaris	+	*Lonicera alpigena*	+
Juniperus communis	+	*Clematis alpina*	+
Lonicera coerulea	+	*Daphne Mezereum*	+

Niederwuchs:

Goodyera repens	1.2	*Oxalis Acetosella*	+
Hepatica nobilis	1.1	*Luzula albida*	+
Melampyrum silvaticum	1.1	*Rhododendron intermedium*	+
Polygala Chamaebuxus	1.1	*Hieracium silvaticum*	+°
Vaccinium Vitis-idaea	+.2	*Melica nutans*	+
Luzula flavescens	+	*Paris quadrifolia*	+°
Carex alba	+	*Carex digitata*	+°
Calamagrostis varia	+	*Veronica latifolia*	+°
Sesleria varia	+		
Veronica officinalis	+		

Moosschicht:

Rhytidiadelphus triquetrus	3.3	*Pleurozium Schreberi*	2.2
Hylocomium splendens	3.3		

Ich stelle ihn zum Pinetum silvestris engadinensis ↗ PICEETUM rhytidiadelphosum triquetri basiferens, also zum bodenbasischen kranzmoosreichen Fichtenwald, der im Engadin-Rotföhren-Wald hochgekommen ist und vermutlich die Schlußgesellschaft bildet.

Wir haben hier einen Fichtenwald des Inneren Alpengebietes vor uns.

Die Beziehung zum bodenbasischen Rotföhrenwald ist klar, denn die Vegetationsentwicklung führte über diesen Wald zum Fichtenwald.

Die bodenbasischen bodentrockenen Arten: *Polygala Chamaebuxus, Sesleria varia, Calamagrostis varia, Carex alba* sind als wenig lebenskräftige Reste dieses Rotföhrenwaldes zu betrachten.

Wenn auch der Boden schon einen einigermaßen günstigen Wasser- und Nährstoffhaushalt aufweist, wie aus dem Auftreten der mehr oder weniger anspruchsvollen Arten *(Oxalis Acetosella, Hepatica nobilis, Paris quadrifolia, Hieracium silvaticum, Daphne Mezereum, Veronica latifolia, Carex digitata, Melica nutans, Rhytidiadelphus triquetrus)* hervorgeht, kann er sich aus klimatischen Gründen nicht zum Buchenwald weiter entwickeln.

Dies ist eine sehr wichtige Erkenntnis, weil wir daraus erfahren, daß ähnliche Pflanzenverbindungen in den verschiedenen Klimagebieten verschiedenes sagen können.

Würden wir diese verhältnismäßig anspruchsvollen Arten in der oberen Buchenstufe im Niederwuchs antreffen, so könnten wir daraus schließen, daß wir die Buche und Tanne mit Aussicht auf Erfolg aufbringen können, weil ihnen hier Boden und Klima zusagen; im angeführten Beispiel der Fichtenstufe ist für diese anspruchsvollen Holzarten wohl die Bodengüte, nicht aber das Klima ausreichend.

W i r t s c h a f t l i c h e F o l g e r u n g e n : Alle Eingriffe, die den Wasserhaushalt herabsetzen, wie Kahlschlag, Streunutzung, Brand, müssen auf jeden Fall unterbleiben. Durch die Streunutzung wird dem Oberboden die wasserhaltende Kraft genommen und die flachwurzelnde Fichte kann ihren Wasserbedarf nicht mehr befriedigen. Sie läßt in der Wuchsleistung nach und verliert an Lebenskraft.

Durch den Kahlschlag trocknet der Oberboden aus und die flachwurzelnden Arten des Niederwuchses verlieren an Lebenskraft, weil sie ihren Wasserbedarf nicht mehr befriedigen können und werden von Arten verdrängt, die diesen ungünstigen Wasserhaushalt ertragen können.

So kann durch Kahlschlag und Streunutzung der Fichtenwald zum Rotföhrenwald degradiert werden, der ungünstigen Wasserhaushalt viel besser ertragen kann.

Wenn wir weiterhin Fichtenwirtschaft betreiben wollen, so müssen wir den Wald sehr pfleglich bewirtschaften.

Im klimatisch trockenen Alpeninnern müssen wir mehr als im luftfeuchten Klima alle den Wasserhaushalt des Bodens herabsetzenden Eingriffe, wie Streunutzung, Kahlschlag, Brand, unterlassen, weil sich diese besonders ungünstig auswirken.

Im Sinne der Charakterartenlehre B r a u n - B l a n q u e t s haben wir es hier mit einem Piceetum montanum pinetosum silvestris Br.-Bl. 1938 zu tun.

Fichtenwald, im Schwarzföhrenwald hochgekommen.

Die Fichtenwälder, die sich aus Schwarzföhrenwäldern entwickelt haben, treffen wir in den Alpen selten in primärer Entwicklung, sondern meist als Waldverwüstungsstadien des Buchenwaldes in schattiger Lage. Wie wir aus der Behandlung der Schwarzföhrenwälder ersehen werden, kommen diese vornehmlich in warmen Gebieten der unteren Buchenstufe vor, in Gebieten, wo die Vegetationsentwicklung vom Schwarzföhrenwald zum Buchenwald führen kann. Wenn aber der Buchenwald sich durchgesetzt hat und der Mensch durch Streunutzung oder durch Kahlschlagbetrieb Rohhumus geschaffen hat, so breitet sich sekundär die Schwarzföhre wieder aus. In ihrem Schutze kommt früher oder später die Fichte auf und versauert im Vereine mit der Schwarzföhre den Boden. So siegt schließlich die Fichte und bildet als Verwüstungsstadium einen geschlossenen Fichtenwald. Es kommt dann meist zu einem moosreichen Fichtenwald. Dieser Fichtenwald ist aber überaus labil, ist hier in der unteren Buchenstufe auf die Bodenfrische und Beschattung trotz der mehr oder weniger schattigen Lage mehr angewiesen als andere Fichtenwälder, denn er wird sofort wieder zum zwergstrauchreichen Schwarzföhrenwald oder Rotföhrenwald degradiert, wenn sein Boden durch irgendwelche waldzerstörende Eingriffe, sei es durch Lichtung des Bestandes oder Streunutzung, den Wasserhaushalt verliert. Alle pfleglichen Maßnahmen haben daher darauf abgestellt zu sein, den Wasserhaushalt des Bodens zu erhalten.

Einen bodenbasischen Fichtenwald, der im Schwarzföhrenwald aufgekommen ist, untersuchte ich auf einem 10° N geneigten Schuttkegelhang in 660 m Seehöhe ober der Loiblstraße in Kärnten (100 m²) und fand folgenden floristischen Aufbau:

Baumschicht: 0,8 bestockt

Picea excelsa	5.5	*Pinus silvestris*	+
Pinus nigra	2.2	*Fagus silvatica*	+.2

Strauchschicht:

Charakterarten des Fichtenwaldes:

Picea excelsa	1.2	*Pinus nigra*	+°

Niederwuchs:

Vaccinium Myrtillus	3.4

Bodenbasische Arten:

Erica carnea	2.2°	*Carex alba*	1.2
Polygala Chamaebuxus	1.1	*Brachypodium pinnatum*	+.2
Cyclamen europaeum	1.1	*Peucedanum Oreoselinum*	+

Charakterarten des Fichtenwaldes:

Luzula flavescens (= L. luzulina)	1.2	*Listera cordata*	+
		Pirola secunda	+
Picea excelsa	1.1	*Pirola uniflora*	+
Goodyera repens	+		

Anspruchsvolle Arten des Laubwaldes:

Anemone trifolia	1.1	*Abies alba*	+
Euphorbia amygdaloides	1.1	*Aquilegia vulgaris*	+
Mycelis muralis	1.1	*Hieracium silvaticum*	+
Sanicula europaea	1.1	*Paris quadrifolia*	+
Melica nutans	+.2	*Pteridium aquilinum*	+

Bodensaure Arten:

Oxalis Acetosella	2.2	*Majanthemum bifolium*	+
Luzula pilosa	+.2	*Potentilla Tormentilla*	+
Vaccinium Vitis-idaea	+.2	*Veronica officinalis*	+

Moosschicht:

Bodensaure Arten:

Rhytidiadelphus triquetrus	2.3	*Scleropodium purum*	2.2
Pleurozium Schreberi	2.2	*Dicranum scoparium*	1.2
Hylocomium splendens	2.2		

Charakterarten des Fichtenwaldes:

Ptilium crista-castrensis	1.4	*Plagiothecium undulatum*	1.2
Rhytidiadelphus loreus	1.3		

Wir haben hier einen sekundären Fichtenwald vor uns, welcher der Vegetationsentwicklungsreihe Schwarzföhrenwald ↗ Fichtenwald ↗ Buchen-Tannen-Mischwald angehört; aber als Waldverwüstungsstadium des Rotbuchenwaldes anzusehen ist. (Pinetum nigrae sec. ↗ PICEETUM ↗ Abieteto-Fagetum.) Streunutzung und Kahlschlag haben dem ursprünglich nährstoffreichen milden Buchenmullboden das so reichliche Bodenleben genommen und damit den Oberboden durch Aufbau von Rohhumus versauert.

Im Sinne der Charakterartenlehre Braun-Blanquets gehört dieser Fichtenwald zum Piceetum montanum pinetosum nigrae.

II. Gruppe der bodentrockenen Fichtenwälder, die saure Böden besiedeln.

a) Böden, die schon ursprünglich sauer waren (PICEETUM excelsae silicicolum).

b) Böden, die erst nachträglich über den bodenbasischen Untergrund einen sauer reagierenden Rohhumusboden bekommen haben (PICEETUM excelsae calcicolum acidiferens).

Schematische Darstellung der Beziehungen dieses Waldes:

Tannenwald ↑ — Buchenwald ↑ — Bergahornwald ↑

Bodentrockener bodensaurer Fichtenwald

↑ Bodensaurer Legföhrenwald

↑ Bodensaurer Zirbenwald

↑ Bodensaurer Schwarzföhrenwald

↑ Bodensaurer Grünerlenwald

↑ Bodensaurer Ebereschenwald

↑ Bodensaurer Spirkenwald

↑ Bodensaurer Rotföhrenwald

↑ Bodensaurer Lärchenwald

Beispiel: Einen Fichtenwald dieser Gruppe untersuchte ich auf den sauren glazial-fluviatilen Böden der Dobrowa östlich Villach. Es handelt sich hier um einen Sauerklee-reichen Fichtenwald, den ich als Forstmeister aus bestandesgeschichtlichen Aufzeichnungen kennengelernt und bewirtschaftet habe. Dieser Wald hat sich natürlich aus einem bodensauren Rotföhrenwald entwickelt. In der Baumschicht herrscht die Fichte. Die wenig lebenskräftigen Rotföhren, die von den Fichten durch den Lichtmangel in den Zwischenbestand gedrängt wurden, habe ich im Wege der Durchforstung entnommen. In der Strauchschicht kamen junge Buchen auf und in der darunterliegenden Krautschicht beherrschte der Sauerklee den Boden, begleitet von einer Menge Arten, eingebettet in einen dichten Moosteppich. Neben dem Rippenfarn *(Blechnum Spicant)*, dem Sproßbärlapp *(Lycopodium annotinum)* dem Rundblättrigen Labkraut *(Galium scabrum = G. rotundifolium)* und der Gelblichen Hainsimse*), die Fichtenwälder bevorzugen, besiedelt eine Reihe von Arten, die dem Laubwald angehören, jene Bodenstellen, die diesen Pflanzen einen

*) Gelbliche Hainsimse = *Luzula flavescens* = *L. luzulina.*

besseren Haushalt bieten können, so das Wald-Habichtskraut *(Hieracium silvaticum)*, der Mauerlattich *(Mycelis muralis)*, der Frauenfarn *(Athyrium Filix-femina)*, das Schattenblümchen *(Majanthemum bifolium)* und alle die Moose, die wir in den bodensauren Fichtenwäldern immer wieder antreffen. Ich stelle diesen Wald zum „Sauerkleereichen Fichtenwald, der in Beziehung zum bodensauren Rotföhrenwald steht und sich zum Buchenwald entwickelt" (Pinetum silvestris acidiferens ↗ PICEETUM excelsae oxalidosum Acetosellae ↗ Fagetum). Die diesem Walde sich anschließenden Bauernwälder sind alle streugenutzte Rotföhrenwälder und, wenn sie geschlossen den Boden bedecken, heidelbeerreich (vacciniosum Myrtilli), da die Bauern infolge intensiver Streunutzung diesen Wäldern gar nicht die Möglichkeit geben, den Bodenzustand so zu ändern, daß sich infolge besseren Wasserhaushaltes und besserer Bodendurchlüftung die Fichte oder gar durch Bildung von mildem Humus die Buche durchsetzen könnte.

Wenn nun diese heidelbeerreichen Rotföhrenwälder, die sich bei Aussetzen der Streunutzung von selbst zum Fichtenwald entwickeln (Pinetum silvestris vacciniosum Myrtilli ↗ Piceetum) kahlgeschlagen werden, vermag sich selbst die Heidelbeere nicht mehr zu halten, weil sie ihren durch Freistellung erhöhten Wasserbedarf nicht mehr befriedigen kann. Sie macht der Besenheide *(Calluna vulgaris)* Platz, welche diesen ungünstigen Wasserhaushalt auf trockenem Rohhumusboden in sonniger Lage besser ertragen kann als die Heidelbeere. In der Besenheide kommt aber nicht mehr die Fichte auf, sondern die Rotföhre, in deren Unterwuchs die Fichte nach Einstellung der Streunutzung erst dann aufkommen kann, wenn ihr ein mehr oder weniger lockerer Boden zur Verfügung steht und sie ihren Wasserhaushalt befriedigen kann (Callunetum vulgaris ↗ PINETUM silvestris acidiferens ↗ Piceetum excelsae). Sei es, daß er schon ursprünglich sauer war (silicicolum) oder erst durch waldverwüstende Eingriffe und Rohhumusbildung oberflächlich versauerte (calcicolum acidiferens).

Einen bodensauren Fichtenwald untersuchte ich beim Kreuzteich bei Tragöß im Hochschwabgebiet, 750 m Seehöhe, auf Schuttkegel, ebenes Gelände, mit folgendem floristischen Aufbau:

B a u m s c h i c h t :

Picea excelsa	5.5	*Pinus silvestris*	1.1

K r a u t s c h i c h t :

Vaccinium Myrtillus	3.2	*Pirola uniflora*	+
Melampyrum silvaticum	1.2	*Potentilla erecta*	+
Erica carnea	1.1	*Vaccinium Vitis-idaea*	+
Polygala Chamaebuxus	1.1	*Veronica officinalis*	+
Goodyera repens	+.2	*Oxalis Acetosella*	+
Majanthemum bifolium	+.2	*Picea excelsa*	+
Pirola secunda	+.2	*Hieracium silvaticum*	+
Deschampsia flexuosa	+.2	*Viola silvestris*	+
Helleborus niger	+	*Acer Pseudoplatanus*	+
Listera cordata	+	*Daphne Mezereum*	+
Luzula luzulina	+	*Sanicula europaea*	+
Homogyne alpina	+	*Sorbus aucuparia*	+

M o o s s c h i c h t :

Hylocomium splendens	3.3	*Rhytidiadelphus loreus*	+.2
Rhytidiadelphus triquetrus	1.3	*Leucobryum glaucum*	+
Dicranum scoparium	1.3	*Cetraria islandica*	+
Pleurozium Schreberi	1.2		

Wir haben einen bodensauren Fichtenwald vor uns, der in einem sekundären Rotföhrenwald aufgekommen ist und sich wieder zum Rotbuchenwald weiter entwickeln wird.

Unterwuchs eines *Vaccinium Myrtillus - Homogyne alpina - Listera cordata - Pirola uniflora - Majanthemum bifolium - Oxalis Acetosella*-reichen Fichtenwaldes.

Im Sinne meiner Waldentwicklungstypen stelle ich ihn zum Pinetum silvestris sec. ↗ PICEETUM calcicolum acidiferens ↗ Fagetum; also zum bodensauren Fichtenwald, der eine basische Bodenunterlage besitzt.

Als Reste der ehemaligen bodenbasischen Ausbildung treffen wir noch an:

Erica carnea
Polygala Chamaebuxus
Helleborus niger

Die bodensauren Arten beherrschen den Unterwuchs.

Aus der Kenntnis dieser Zusammenhänge wissen wir, daß sich in diesem Walde der Wasserfaktor im Minimum befindet. Die Wirtschaftsführung hat es nun in der Hand, durch pflegliche Wirtschaft die Zuwachsleistung dieses Waldes nachhaltig zu heben und früher oder später Rotbuche und Tanne als Mischholzarten aufzubringen.

Bei unpfleglicher Wirtschaft sinkt der Wasserhaushalt und damit breiten sich wieder nur Arten aus, welche den ungünstigen Wasserhaushalt ertragen können.

Wenn wir uns nun die Frage vorlegen, mit welchem Walde wir es hier im Sinne der Charakterartenlehre zu tun haben, so kommen wir zu folgender Überlegung:

1. Dieser Wald gehört auf Grund des Vorkommens der Arten:

Goodyera repens — *Vaccinium Vitis-idaea*
Pirola secunda — *Homogyne alpina*
Vaccinium Myrtillus

zur Ordnung: Vaccinio-Piceetalia Br.-Bl. 1939;

2. auf Grund des Vorkommens der Arten:

Picea excelsa — *Pirola uniflora*
Luzula luzulina — *Melampyrum silvaticum*
Listera cordata — *Rhytidiadelphus loreus*

zum Verband Vaccinio-Piceion Br.-Bl. 1938 und

3. gehört innerhalb dieses Verbandes unser Fichtenwald auf Grund der montanen Arten:

Hieracium silvaticum — *Daphne Mezereum*
Viola silvestris — *Sanicula europaea*
Acer Pseudoplatanus

zum Unterverband Abieto-Piceion Br.-Bl. 1939 und schließlich innerhalb dieses Unterverbandes zum Piceetum montanum pinetosum Br.-Bl. 1938.

Bodensaurer Fichtenwald, im bodensauren Latschenbuschwald über Kalkboden hochgekommen.

Floristischer Aufbau: Die Fichte beherrscht mehr oder weniger lebenskräftig wachsend die Baumschicht, da und dort begleitet von Lärchen. In der Strauchschicht kommt die Legföhre vor, die oft noch eine größere Bodenbedeckung einnimmt. Im Niederwuchs herrschen die bodensauren Arten vor, begleitet von Fichtenwaldarten. Dort, wo diese Wälder auf Kalkunterlage siedeln, können ganz vereinzelt noch bodenbasische Arten vorkommen, sie treten aber so zurück oder zeigen so geringe Lebenskraft, daß von einer Beziehung zum bodenbasischen Legföhrenwald nicht gesprochen werden kann.

Haushalt: Diese Fichtenwälder treffen wir meist in der Fichtenstufe und in den oberen Laubwaldstufen auf Kalkunterlage dort, wo eine dicke, saure Auflagehumusschicht den darunterliegenden basischen Boden isoliert.

Vegetationsentwicklung: Die Vegetationsentwicklung kann über basischem Boden z. B. folgendermaßen erfolgen:

Bodensaurer Fichtenwald

↑

Rost-Almrosen-reicher bodensaurer Latschenbestand, von Fichten besiedelt

↑

Wimper-Almrosen-reicher Latschenbestand

↑

Wimper-Almrosenheide, von Latschen besiedelt

↑

Erica-carnea-reiche Wimper-Almrosen-Heide

↑

Erica-carnea-Zwergstrauchheide

Dieser Gang der Vegetationsentwicklung wird ausgelöst durch die Auflagerung eines sauren Rohhumus, der dem Oberboden eine wasserhaltende Humusschicht gibt:

Beispiel: Einen solchen Fichtenwald untersuchte ich in den Karawanken am Südhang der Petzen in 1830 m Seehöhe auf einem oberflächlich völlig versauerten 10^0 geneigten Boden auf Kalkunterlage und fand auf 100 m^2 folgenden floristischen Aufbau:

Baumschicht:

Picea excelsa	4.5	*Larix decidua*	+

Strauchschicht:

Pinus Mugo	3.4	*Lonicera coerulea*	+

Niederwuchs:

Bodensaure Arten:

Vaccinium Myrtillus	5.5	*Calamagrostis villosa*	1.1
Oxalis Acetosella	2.2	*Luzula silvatica*	+
Rhododendron ferrugineum	1.2	*Rhododendron intermedium*	+
Vaccinium Vitis-idaea	1.2		

Fichtenwaldarten:

Listera cordata	1.1	*Pirola uniflora*	1.1
Homogyne alpina	1.1	*Saxifraga cuneifolia*	1.1
Lycopodium annotinum	1.1	*Luzula flavescens*	+

Schematische Darstellung: Fichtenwald kommt im bodensauren Legföhren-Buschwald auf (Pinetum Mugi acidiferens ↗ Piceetum).

Bodenbasische Arten:

Rhododendron hirsutum	+°		

Sonstige Begleiter:

Polygonatum verticillatum	1.1	*Dryopteris Filix-mas*	+
Lastrea Dryopteris (= *Dryopteris disjuncta*)	1.1		

Moose:

Rhytidiadelphus triquetrus	2.3	*Hylocomium splendens*	1.2
Ptilium crista-castrensis	1.2	*Dicranum scoparium*	1.2
Plagiothecium undulatum	1.2		

Ich stelle diesen Fichtenwald zum oberflächlich sauren heidelbeerreichen Fichtenwald, der im oberflächlich sauren Legföhren-Buschwald hochgekommen ist und die Schlußgesellschaft darstellt (Pinetum Mugi prostratae calcicolum acidiferens ↗ PICEETUM myrtillosum).

Es handelt sich hier um einen natürlichen Fichtenwald, der sich aus dem Legföhrenwald entwickelt hat. Für den natürlichen Fichtenwald sprechen auch die Charakterarten des Fichtenwaldes in der Krautschicht und die Moose *Ptilium crista-castrensis* und *Plagiothecium undulatum* in der Moosschicht.

Die Beziehung zum bodensauren Legföhrenwald geht klar daraus hervor, daß sich unser Fichtenwald aus dem Legföhrenwald entwickelt hat und nach Kahlschlag die Legföhre – wie zu beobachten – sich sehr ausbreitet.

Die Kalkunterlage verrät nur eine einzige bodenbasische Art: *Rhododendron hirsutum,* das sich wenig lebenskräftig als Rest erhalten hat.

Die Legföhre konnte sich hier am Südhang ohneweiteres im lichten Fichtenwald halten, weil sie ihre Lichtbedürfnisse völlig befriedigen kann.

Der Haushalt dieses Fichtenwaldes ist gekennzeichnet durch die sonnige schneereiche Lage in der Fichtenstufe, ferner durch die dicke Rohhumusauflagerung auf dem Kalkboden.

Der Wasser- und Nährstoffhaushalt ist, wie aus dem Hervortreten des mehr oder weniger anspruchsvollen Kranzmooses hervorgeht, für die flach wurzelnde Fichte gut.

Die Vegetationsentwicklung verläuft hier, wie schematisch dargestellt (siehe oben).

Wirtschaftliche Folgerungen: Nur durch sehr pflegliche Wirtschaft können wir hier die Bodengüte und somit den Ertrag des Waldes heben. Kahlschlag, Streunutzung und Brand müssen auf jeden Fall unterbleiben, denn wenn der Fichtenwald kahlgeschlagen und der Unterwuchs zur Erlangung einer besseren Weide niedergebrannt wird, so verliert er auf Kalkboden seine isolierende wasserhaltende Schicht und wird wieder zur minderwertigen genügsameren Zwergstrauchheide herabgewirtschaftet.

Wollen wir guten Weideboden schaffen, so müssen wir den sauren Humusboden mit Kalk düngen und dadurch entsäuern. Dies ist gerade hier nicht schwer, weil man die herumliegenden Kalksteine leicht brennen und damit Ätzkalk gewinnen könnte.

Im Sinne der Charakterartenlehre Braun-Blanquets gehört dieser Fichtenwald zum Unterverband Rhodoreto-Vaccinion Br.-Bl. 1926, der sich insbesondere durch das Hervortreten von *Vaccinium Myrtillus, Rhododendron ferrugineum, Listera cordata* und durch das Zurücktreten der für den Laubwald so bezeichnenden krautigen Pflanzen vom Unterverband Abieto-Piceion unterscheidet.

Innerhalb des Rhodereto-Vaccinion gehört unser Fichtenwald zum Piceetum subalpinum Br.-Bl. 1938; also zu den für die subalpine Stufe so bezeichnenden Heidelbeer-reichen Fichtenwäldern.

Bodensaurer Fichtenwald, im bodensauren Zirbenwald hochgekommen.

Floristischer Aufbau: Der floristische Aufbau des Unterwuchses unterscheidet sich nicht wesentlich von dem der anderen bodensauren Fichtenwälder. Das unterscheidende Merkmal ist vor allem die Zirbe, die mehr oder weniger stark in der Baumschicht als Begleiter der Fichte vertreten ist.

Haushalt: Diese Fichtenwälder treffen wir nur in der Fichtenstufe im Verbreitungsgebiet der Zirbe an. Hier siedeln sie einerseits auf sauren Silikatböden, andererseits auch auf basischer Bodenunterlage, dort, wo eine dicke saure Humusschicht dem basischen Boden isolierend aufgelagert ist.

Entwicklung: Die Vegetationsentwicklung kann, schematisch dargestellt, folgend verlaufen:

Bodensaurer Fichtenwald

↑

Zirben-Fichten-Mischwald

↑

Bodensaurer Zirbenwald mit Fichten-Unterwuchs

↑

Almrosen-Heidelbeer-reicher Zirbenwald

↑

Rostalmrosen-Heidelbeer-Zwergstrauchheide

Beispiele:

Nr. der Aufnahme	1	2	3
Meereshöhe in Metern	1900	1750	1600
Himmelslage	N	NW	N
Neigung in Graden	10	10—20	15
Baumschicht:			
Picea excelsa	5.5	5.5	4.5°
Pinus Cembra	0.2	+	+
Strauchschicht:			
Lonicera nigra	+		
Sorbus aucuparia		1.1	
Picea excelsa			3.4°
Niederwuchs:			
Fichtenwaldarten:			
Homogyne alpina	2.2	1.1	2.2
Listera cordata	2.2	1.1	1.2

Nr. der Aufnahme	1	2	3
Meereshöhe in Metern	1900	1750	1600
Himmelslage	N	NW	N
Neigung in Graden	10	10–20	15
Melampyrum silvaticum	1.2	+	+
Pirola uniflora	+.2	+	+
Luzula flavescens	+	+	+
Lycopodium annotinum	1.2	+	
Blechnum Spicant			+.2
Bodensaure Arten:			
Vaccinium Myrtillus	4.5	3.4	4.3
Oxalis Acetosella	2.3	2.2	2.2
Vaccinium Vitis-idaea	+.2	2.2	2.2
Deschampsia flexuosa	1.1	+	2.2
Rhododendron ferrugineum	+.2	+	2.3
Luzula silvatica	1.2		
Empetrum nigrum	+.2°		
Hieracium Lachenalii (?)		+	
Calamagrostis villosa			2.2
Leontodon helveticus (= „*L. pyrenaicus*")			1.1
Gentiana punctata			+
Solidago alpestris)*			+
Farne:			
Dryopteris austriaca	+	+	1.2
Lastrea Dryopteris (= *Dryopteris disjuncta)*	+	+	1.2
Asplenium viride			+
Anspruchsvolle Laubwaldart:			
*Hieracium silvaticum**)*			2.1
Wesentliche Begleiter:			
Sorbus aucuparia	+		+
Pinus Cembra	+		
Moose und Flechten:			
Hylocomium splendens	3.5	2.3	3.3
Pleurozium Schreberi	2.3	2.3	2.3
Rhytidiadelphus triquetrus		2.2	4.4

*) *Solidago alpestris* Waldst. et Kit. = *Solidago Virgaurea* L. subsp. *alpestris* (Waldst. et Kit.) Gaud.

**) *Hieracium silvaticum* (L.) Grufb. = *Hieracium murorum* L. em. Huds.

Schematische Darstellung: Bodensaurer Fichtenwald kommt im alpenrosenreichen Zirbenwald hoch (Pinetum Cembrae rhododendrosum ferruginei ↗ Piceetum).

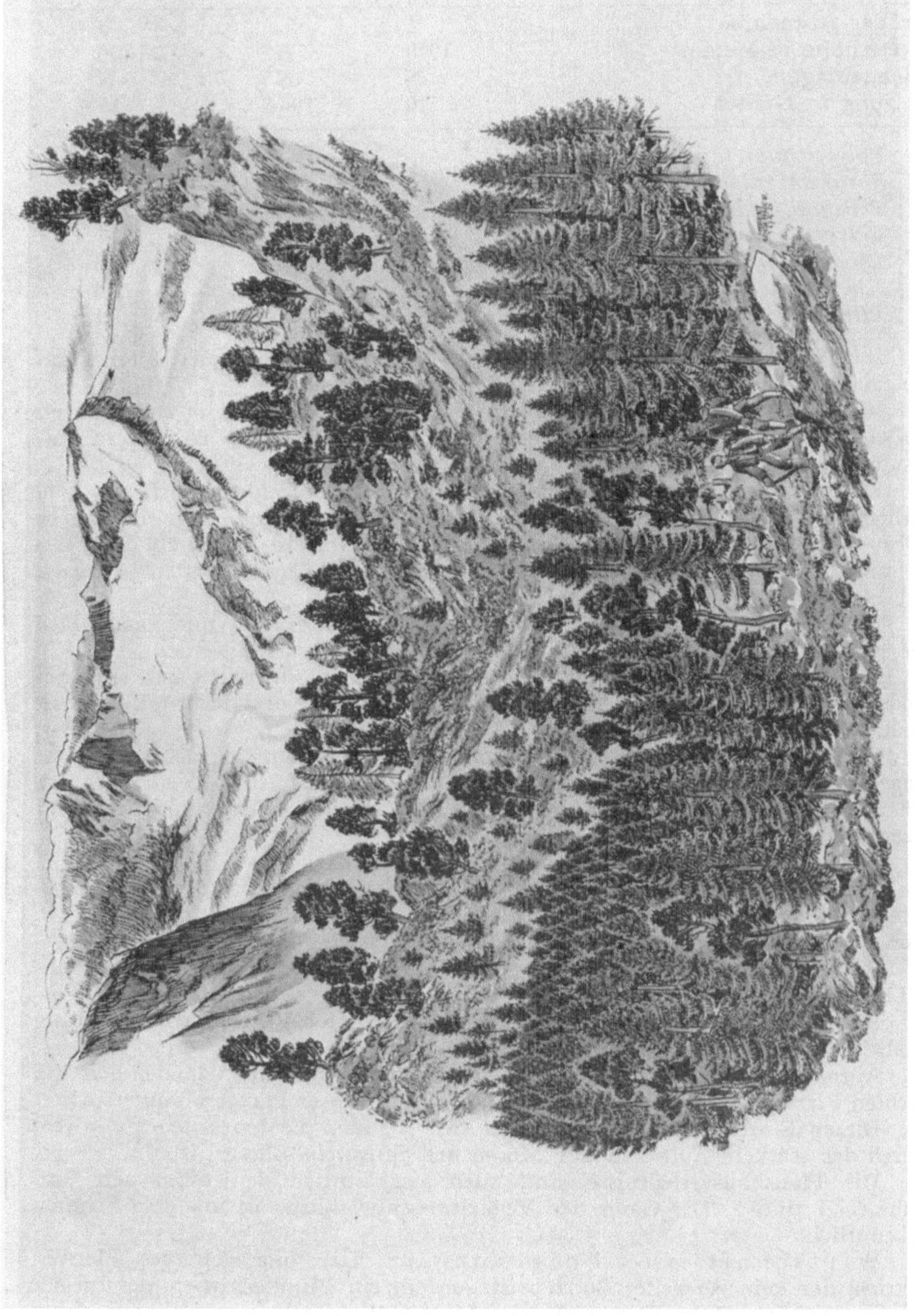

Nr. der Aufnahme	1	2	3
Meereshöhe in Metern	1900	1750	1600
Himmelslage	N	NW	N
Neigung in Graden	10	10–20	15
Polytrichum formosum		1.1	1.3
Bazzania trilobata	2.2		
Peltigera canina		+.4	
Cetraria islandica platyphyllos		+	
Dicranum scoparium			1.3
Rhytidiadelphus loreus			1.3
Ptilium crista-castrensis			1.1

Den Einzelbestand der Aufnahme Nr. 1 fand ich im Pitztal in Tirol am Eingang (Mittelberg).

Ich reihe diesen Wald zum heidelbeerreichen Fichtenwald, im bodensauren Zirbenwald aufgekommen, ein (Pinetum Cembrae ↗ PICEETUM myrtillosum).

Es handelt sich hier um einen natürlichen Fichtenwald, der sich aus dem Zirbenwald entwickelt hat, wie die schematische Darstellung zeigt. Die Zirbe selbst ist ja noch in der Baumschicht vertreten und weist damit auf diese Beziehung hin. Das Vorkommen der vielen Fichtenwald-Charakterarten bestätigt, daß es sich um einen natürlichen Fichtenwald handelt.

Dieser Fichtenwald zeigt eine Fülle von Charakterarten und kann nach diesen zum Piceetum subalpinum Br.-Bl. gestellt werden.

Das Hervortreten des Sauerklees und des Kranzmooses zeigt uns, daß der Boden für den Fichtenwald schon einen guten Wasser- und Nährstoffhaushalt besitzt.

Der Haushalt dieses Waldes ist gekennzeichnet durch seine klimatische Lage am schneereichen Hang der Fichtenstufe, durch mehr oder weniger frischen sauren Rohhumusboden und durch seine Bewirtschaftung im rücksichtslosen Plenterbetrieb.

Aufnahme Nr. 2 machte ich ebenfalls im Pitztal und zwar ober Plangeroß. Ich stelle diesen Einzelbestand zum selben Vegetationsentwicklungstyp, u. zw. zum Pinetum Cembrae ↗ PICEETUM myrtillosum.

Ich stelle diesen Fichtenwald ebenfalls zum Pinetum Cembrae ↗ PICEETUM myrtillosum.

Auch die Haushaltsverhältnisse und der Gang der Vegetationsentwicklung sind die gleichen.

Aufnahme Nr. 3 stellt einen 15 m hohen Fichtenwald dar, den ich am rechten Pitztalufer am Weg zur Chemnitzer Hütte unter Plangeroß untersuchte.

Dieser Einzelbestand unterscheidet sich von den beiden ersten vor allem durch das stärkere Auftreten der Moose und anspruchsvollerer Arten.

Die Haushaltsverhältnisse sind auch hier ähnlich denjenigen der Aufnahmen 1 und 2. Der Gang der Vegetationsentwicklung ist aus dem Schema erkenntlich.

Wirtschaftliche Folgerungen: Der hier gepflegte Plenterbetrieb, der kein geregelter Betrieb ist, sondern ein Plünderbetrieb, der immer wieder das beste Holz nutzt, wirkt sich für den Wald sehr ungünstig aus, denn in diesem Betrieb werden nicht die kranken, schlechtwüchsigen, also minderwertigen Bäume entnommen, sondern die gesunden, wuchsfreudigen im Alter ihrer besten Wuchsleistung. Diese Mißwirtschaft wirkt sich nicht nur dadurch aus, daß nur die minderwertigen Bäume zur Verjüngung kommen, weil dadurch eine negative Auslese erfolgt, sondern auch dadurch, daß eine Bodenverbesserung schwer erfolgen kann.

Moosgesellschaft von *Rhytidiadelphus triquetrus, Pleurozium Schreberi, Polytrichum formosum.*

Hier gibt es nur einen Weg zur Gesundung des Waldes, nämlich den Kahlschlag. Der Kahlschlag nimmt alles Holz weg und bietet damit einer wuchsfreudigeren gesunden Fichtenjugend günstigere Voraussetzungen. Es ist dies der Weg, den wir vielfach auch in der Grünlandwirtschaft gehen müssen, wenn wir eine durch negative Auslese herabgewirtschaftete Weide in gutes wuchsfreudiges Grünland überführen wollen.

Denn die Weidetiere entnehmen immer die besten Gräser und Kräuter und verschmähen die minderwertigen Pflanzen, so daß die Weideflächen in zunehmendem Maße von minderwertigen Pflanzen besiedelt werden. Die Mahd aber nimmt alle Pflanzen weg und schafft damit gleichmäßigere Voraussetzungen. Sie scheidet nur die Arten aus, welche die Mahd nicht ertragen können.

Im Sinne der Charakterartenlehre Braun-Blanquets gehört dieser Fichtenwald dem Piceetum subalpinum Br.-Bl. 1938 an.

Dieser Wald hat sich aus dem Rhodoreto-Vaccinietum cembretosum Br.-Bl. 1927 entwickelt.

Bodensaurer Fichtenwald, im bodensauren Lärchenwald aufgekommen.

Floristischer Aufbau: In diesen Wäldern finden wir in der Baumschicht meist Fichten und Lärchen vertreten, während Zirben und Föhren und andere hochstämmige Holzarten fehlen. In der Strauchschicht, die meist nicht sehr stark entwickelt ist, können neben Fichten auch Grünerlen vorkommen und zwar dort, wo diese die Vegetationsentwicklung zum Fichtenwald einleiteten. Der Niederwuchs unterscheidet sich nicht wesentlich von den übrigen bodensauren Fichtenwäldern. Er kann entweder grasreich oder zwergstrauchreich sein; je nach dieser Ausbildung wird dann der Untertyp gebildet. So scheiden wir den Heidelbeer-Untertyp dort aus, wo die Heidelbeere stark hervortritt. Der Grünerlen-Untertyp wird dort ausgeschieden, wo in der Strauchschicht oder im Niederwuchs noch vorkommende Grünerlen darauf hinweisen, daß diese die Vegetationsentwicklung einleiteten. Der Sauerklee-Untertyp wird dort ausgeschieden, wo Heidelbeere und Grünerle sehr stark zurücktreten und Sauerklee hervortritt.

Haushalt: Diese Fichtenwälder finden wir meist in der Fichtenstufe auf mehr oder weniger trockenen sauren Silikatböden oder auf Kalkunterlage dort, wo eine dicke saure Auflagehumusschicht den darunter liegenden basischen Boden isoliert. Sie können aber auch in den oberen Laubwaldstufen vorkommen und zwar dort, wo die Haushaltsverhältnisse so ungünstig sind, daß andere hochstämmige Holzarten nicht konkurrenzfähig sind.

Entwicklung: Wie schon aufgezeigt wurde, haben sich diese Fichtenwälder aus Lärchenwäldern entwickelt, die ihrerseits wieder z. B. in Heidelbeerheiden oder Grünerlenwäldern aufgekommen sein können. Auf basischer Bodenunterlage können sich die Lärchenwälder auch aus basischen Gesellschaften entwickelt haben, die aber in diesem Stadium der Entwicklung meist nicht mehr zu erkennen sind. Die Vegetationsentwicklung wird also durch Auflagerung der Humusschicht und damit durch Zunahme der Wasserhältigkeit des Bodens ausgelöst. Schließlich setzt sich die Fichte durch, weil sie die Fähigkeit hat, größere Beschattung als die Lärche zu ertragen.

Schematisch kann man den Gang der Vegetationsentwicklung folgendermaßen darstellen:

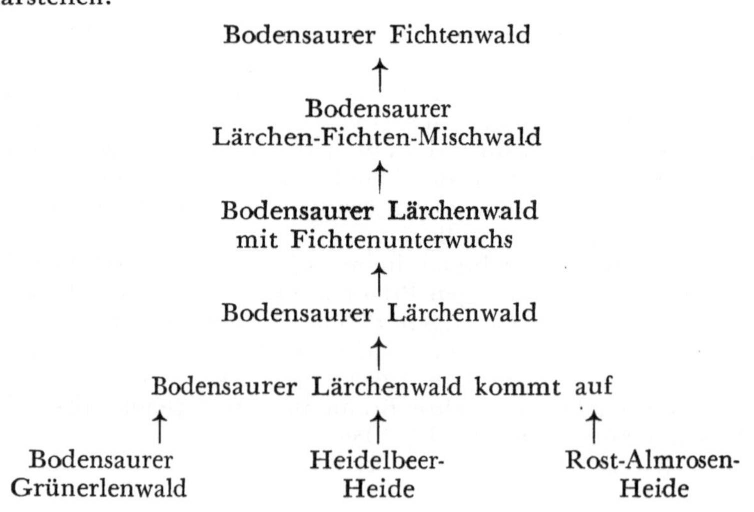

Beispiele:

Nr. der Aufnahme	1	2	3	4	5	6	7
Meereshöhe in Metern	1650	1600	1840	1820	1500	1320	1750
Himmelslage	SO	eben	N	N	eben	NW	N
Neigung in Graden	30		5	10		35	20
	myrtilletosum						oxalidetosum
Baumschicht: Bestockung	0,5		0,6	0,7			0,9
Larix decidua	0,3	1.1	1.1	0,2	+	1.1	0,2
Picea excelsa	0,7	5.5	4.5	0,8	0,9	4.3	0,8
Strauchschicht:							
Picea excelsa			1.1			+	
Alnus viridis						+.2	
Niederwuchs:							
Fichtenwaldarten:							
Homogyne alpina	3.2	+	2.2	2.2	1.2	1.1	+
Luzula flavescens	+	1.1	+	+	1.1	+	1.1
Listera cordata	+^{0}	1.1	2.1	2.1	+	+	1.1
Lycopodium annotinum	+	+	1.2	1.2			1.2
Melampyrum silvaticum	1.1	+			3.2	+	
Pirola uniflora	+	+			1.1	+	
Blechnum Spicant	+.2						
Picea excelsa		+				+	
Linnaea borealis		2.2					
Corallorrhiza trifida		+					
Bodensaure Arten:							
Vaccinium Myrtillus	4.3	4.3	5.5	4.5	5.5	5.5	+
Oxalis Acetosella	+	+.2	2.2	3.2	2.2	1.1	3.3
Deschampsia flexuosa	5.5^0	+.2	2.3^0	2.2^0	+	3.2^0	1.1^0
Vaccinium Vitis-idaea	2.2	1.2	+	2.2	2.2	2.2	
Luzula albida[1])	3.3	+		+		+	+.2
Pirola secunda		+.2			1.1	+	
Luzula silvatica			1.1	+			+
Calluna vulgaris	+.2^0		+.2^0				
Veronica officinalis					1.1	+	
Potentilla aurea					1.1	+	
Leontodon helveticus	+						
Lycopodium clavatum	+						
Luzula multiflora[2])		+					
Hieracium Lachenalii					+		
Campanula Scheuchzeri					+		
Luzula nivea					+		

[1]) *Luzula albida* (Hoffm.) DC. = *Luzula luzuloides* (Lam.) Dandy et Wilmott.
[2]) *Luzula multiflora* (Retz.) Lej. = *Luzula campestris* (L.) DC. subsp. *multiflora* (Retz.) Aschers. et Graebn.

Nr. der Aufnahme	1	2	3	4	5	6	7
Meereshöhe in Metern	1650	1600	1840	1820	1500	1320	1750
Himmelslage	SO	eben	5	10		35	20
Neigung in Graden	30		N	N	eben	NW	N
	myrtilletosum						oxalidetosum
Rhododendron ferrugineum						+.3	
Luzula pilosa						+	
Arnica montana						+	
Anthoxanthum odoratum						+	
Farne:							
Lastrea Dryopteris (= *Dryopteris disjuncta*)	+.2	1.1	+	1.2		+.2	+
Dryopteris austriaca	+		+	+	+		+
Athyrium Filix-femina	+°						
Dryopteris Filix-mas						+	
Lastrea Phegopteris (= *Dryopteris Phegopteris*)						+	
Asplenium viride						+	
Anspruchsvolle Laubwaldarten:							
Veronica Chamaedrys					+	+	
Hieracium silvaticum[3])						1.1	
Mycelis muralis						+	
Paris quadrifolia						+	
Begleiter:							
Viola biflora					1.2		
Ranunculus montanus					1.1		
Orchis maculata						+	
Alnus viridis						+	
Moose und eine Flechte:							
Rhytidiadelphus triquetrus	2.2	1.3	2.4	2.2	4.5	3.3	+.2
Hylocomium splendens	1.2	4.4	+	1.2	1.2	1.3	4.5
Pleurozium Schreberi	1.2	1.1	1.3	2.2	2.2	1.3	1.2
Polytrichum formosum	2.2	+	+.3	1.3			2.2
Dicranum scoparium	1.2	1.3	1.3	1.3	+.2	+.2	
Ptilium crista-castrensis		+.3	2.4	3.5	1.3		3.4
Sphagnum acutifolium			3.5	2.3		2.3	1.3
Rhytidiadelphus loreus			+.3	2.4			1.3
Plagiochila asplenioides					1.2		+.2
Cladonia gracilis	1.1						
Eurhynchium striatum			+				
Dicranum undulatum				1.2			
Plagiothecium undulatum				+.4			
Polytrichum juniperinum						1.1	

[3]) *Hieracium silvaticum* (L.) Grufb. = *Hieracium murorum* L. em. Huds.

Aufnahme Nr. 1 ist das Beispiel eines grasreichen und heidelbeerreichen Fichtenwaldes, den ich auf der Gerlitzen bei Villach aufgenommen habe.

Ich stelle diesen Wald zum Heidelbeer-Untertyp des drahtschmielenreichen Fichtenwaldes, der sich aus dem bodensauren Lärchenwald heraus entwickelt hat (Laricetum acidiferens ↗ PICEETUM myrtilletosum deschampsiosum flexuosae).

Nach Abhieb des geschlossenen Nadelwaldes breitet sich in sonniger, ebener Lage die *Calluna vulgaris*-Heide und bei ungeregelter Weideraubwirtschaft der Bürstlingrasen aus.

Das lebenskräftige Wachstum der Fichte und das starke Auftreten der Charakterarten rechtfertigen hier die Ausscheidung als Fichtenwald. Die Beziehung zum Lärchenwald geht auch aus der Beimischung der Lärche in der Baumschicht hervor.

Dieser Wald ist so lichtgestellt und damit in seinem Aufbau und Haushalt so gestört, daß wir hier wohl nur mehr von einem Verwüstungsstadium sprechen können. Bei genauerer Untersuchung erkennt man, daß *Deschampsia flexuosa* und *Luzula albida* in Ausbreitung begriffen sind und daß *Calamagrostis villosa*, die ja auch schon sehr viel Sonne und trockenen Boden ertragen kann, nur mehr die Örtlichkeiten bewohnt, wo, wie schon aus der Moosschicht hervorgeht, noch einige Bodenfrische herrscht. Die Charakterarten des moosreichen Fichtenwaldes, *Listera cordata* und *Pirola uniflora*, vermögen sich nur noch dort zu halten, wo *Rhytidiadelphus triquetrus* im Schatten der Baumfüße auftritt.

Aus dem Gesehenen erfahren wir und können es auch anderweitig bestätigt finden, daß hier die Waldverwüstung durch Kahlschlag, Streunutzung und Weide in folgender Weise stattgefunden hat.

Moosreicher
Woll-Reitgras-reicher Heidelbeer-Fichtenwald

↓

Moosreicher
Weiß-Hainsimse-reicher Heidelbeer-Fichtenwald

↓

Moosreicher
Drahtschmiele-reicher Heidelbeer-Fichtenwald

↓

Moosarmer
Drahtschmiele-reicher Heidekraut-Fichtenwald

↓

Besenheide-Fichtenwald

↓

Besenheide

Die mehr oder weniger anspruchsvollen Arten dieses Bestandes, wie *Oxalis Acetosella, Athyrium Filix-femina, Lastrea Dryopteris* (= *Dryopteris disjuncta*), und das anspruchsvollere Kranzmoos (*Rhytidiadelphus triquetrus*) sind auf den noch einigermaßen zusagenden Örtlichkeiten gewissermaßen die Nachhut des anspruchsvolleren Waldes, während das Heidekraut, die Drahtschmiele, gefolgt von der Weiß-Hainsimse, gewissermaßen die Vorhut des anspruchsloseren heidekrautreichen Fichtenwaldes und der Heidekraut-Heide selbst darstellen.

Bei Unterbleiben der menschlichen Eingriffe würde hier an Stelle des heidelbeerreichen Fichtenwaldes allmählich ein moosreicher Fichtenwald heranwachsen, in dem noch eine ganze Reihe von Buchenwaldpflanzen zu finden sein würden. Unweit dieses Fichtenwaldes treffen wir in 1600 m Seehöhe in ähnlicher Lage noch dicke Buchen und Tannen, die sich am sonnigen Hang selbst trotz menschlicher Beeinflussung noch halten konnten.

Aufnahme Nr. 2 stellt einen 100 Jahre alten Fichtenwald dar, den ich auf mehr oder weniger ebenem Grobblockboden im Kaunsertal untersuchte.

Ich stelle diesen Wald zum Heidelbeer-Untertyp des Moosglöckchen-reichen Fichtenwaldes, der sich aus dem bodensauren Lärchenwald herausentwickelt hat. (Laricetum acidiferens ↗ PICEETUM myrtilletosum linnaeosum borealis).

Die Beziehung zum bodensauren Lärchenwald geht klar daraus hervor, daß sich dieser Fichtenwald über einen bodensauren Lärchenwald im Sinne vorhergehender schematischer Darstellung heraufentwickelt hat.

Der Haushalt dieses heidelbeerreichen Fichtenwaldes ist gekennzeichnet durch seinen mehr oder weniger trockenen, sehr sauren Rohhumusoberboden des Silikat-Grobblockbodens und seine Lage in der kühlfeuchten Fichtenstufe.

Den Einzelbestand der Aufnahme Nr. 3 untersuchte ich im Nordkar nördlich der Bergerhütte auf der Gerlitzen auf ebenem bis schwach Nord geneigtem Karblockgeröll.

Ich stelle diesen Wald zum Heidelbeer-Untertyp des torfmoosreichen Fichtenwaldes, der sich aus dem bodensauren Lärchenwald herausentwickelt hat (Laricetum acidiferens ↗ PICEETUM myrtilletosum sphagnosum acutifolii).

Diese torfmoosreiche Ausbildung kennzeichnet die große Luftfeuchtigkeit und den geringen Nährstoffhaushalt des Bodens.

Den 15—20jährigen Fichtenwald der Aufnahme Nr. 4 untersuchte ich im zweiten Kar am Nordhang der Endmoräne auf der Gerlitzen.

Ich stelle diesen Wald zum Heidelbeer-Untertyp des helmbusch-moosreichen Fichtenwaldes, der sich aus dem bodensauren Lärchenwald herausentwickelt hat (Laricetum acidiferens ↗ PICEETUM myrtillosum ptiliosum cristae-castrensis).

Dieser Wald verdankt seine Zugehörigkeit zum Heidelbeer-Untertyp der lichteren Bestockung, die der Heidelbeere als Halbschattengewächs besonders zusagt. Die lange Schneebedeckung findet im reichlichen Vorkommen des Helmbuschmooses ihren Ausdruck.

Den Fichtenwald der Aufnahme Nr. 5 untersuchte ich in der Schweiz am Weg von Chur über Churwalden nach Tiefenkastel in der Lenzerheide beim Heidsee in 1500 m Seehöhe in mehr oder weniger ebener Lage.

Er enthielt ferner vereinzelt *Sorbus aucuparia, Aster Bellidiastrum* und *Fragaria vesca.*

Ich stelle diesen Wald zum Heidelbeer-Untertyp des kranzmoosreichen Fichtenwaldes, der sich aus dem bodensauren Lärchenwald herausentwickelt hat (Laricetum acidiferens ↗ PICEETUM myrtilletosum rhytidiadelphosum triquetri).

Die Beziehung zum bodensauren Lärchenwald geht daraus hervor, daß ein Lärchenwald die Vegetationsentwicklung zum Fichtenwald im Sinne der schematischen Darstellung eingeleitet hat.

Die Lärche wurde als lichtbedürftige Art zurückgedrängt, sobald der Boden der Fichte Lebensmöglichkeiten bieten und diese damit lebenskräftig aufkommen konnte.

Der Haushalt dieses Fichtenwaldes ist gekennzeichnet durch seine Lage in der kühl-feuchten Fichtenstufe und durch den frischen, für die Fichte hinreichend nährstoffreichen Boden.

Diese Bodengüte ist insbesondere durch das Hervortreten von *Oxalis Acetosella, Viola biflora* und *Rhytidiadelphus triquetrus* zu erkennen.

Den 0,6 bestockten Fichtenwald der Aufnahme Nr. 6 fand ich im Langalpental im Kärntner Nockgebiet ober der Isolahütte auf einem 35° geneigten Nordwesthang.

Er enthielt ferner vereinzelt: *Fragaria vesca, Sorbus aucuparia, Juniperus sibirica (= J. nana), Hepatica nobilis, Achillea Millefolium, Cerastium vulgatum (= C. caespitosum), Festuca rubra, Hypericum maculatum (= H. quadrangulum), Stellaria graminea.*

Ich stelle diesen Wald zum Heidelbeer-Untertyp des bodensauren Fichtenwaldes, der sich aus dem bodensauren Grünerlen-Lärchenwald heraufentwickelt hat (Alneto-viridis-Laricetum ↗ PICEETUM myrtilletosum).

Die Beziehung zum bodensauren Grünerlen-Lärchenwald geht klar daraus hervor, daß sich dieser Fichtenwald über einen bodensauren Lärchenwald heraufentwickelt hat, wie folgendes Schema der Vegetationsentwicklung aufzeigt:

Sauerkleereicher Fichtenwald

↑

Heidelbeerreicher Lärchenwald
mit Fichten-Unterwuchs

↑

Heidelbeerreicher Lärchenwald
mit Grünerlen-Unterwuchs

↑

Bodensaurer Grünerlen-Buschwald
mit Lärchenanflug

Heidelbeerreicher, bodensaurer
Grünerlen-Buschwald

Heidelbeer-Heide
mit Grünerlenanflug

↑

Heidelbeer-Heide

Wir verstehen aber auch, wieso es zu diesem Grünerlen-Lärchen-Untertyp kommt. Der Fichtenwald steht mit einem bodensauren Lärchenwald in Beziehung, der seinerzeit sich aus einem Grünerlenwald entwickelt hat.

Der Lärchenwald schiebt sich auf diesem schneereichen Steilhang in den Gang der Vegetationsentwicklung ein, weil die Lärche den Schneeschub viel besser ertragen kann als die Fichte. Erst im Schutze des Lärchenwaldes, der mit dem Grünerlenwald in Beziehung steht, konnte die Fichte aufkommen und sich durchsetzen.

Der Haushalt dieses Fichtenwaldes ist gekennzeichnet durch seine Lage in der kühlen, feuchten Fichtenstufe, durch seinen sauren, mehr oder weniger frischen Boden und durch die tiefe, lange Schneelagerung.

Den 0,9 bestockten Fichtenwald der Aufnahme Nr. 7 untersuchte ich in 1820 m Seehöhe am 10–20° geneigten Nordhang auf der Gerlitzen bei Villach.

Ich stelle diesen Wald zum sauerkleereichen, bodensauren Fichtenwald, der sich aus dem bodensauren Lärchenwald heraus entwickelt hat (Laricetum acidiferens ↗ PICEETUM oxalidosum Acetosellae).

Die Beziehung zum bodensauren Lärchenwald geht daraus hervor, daß die Vegetationsentwicklung zum Fichtenwald über einen Lärchenwald erfolgt, daß die Lärche in der Baumschicht einen großen Anteil nimmt und daß da und dort in der Umgebung unter sonst gleichen Umweltbedingungen Fichtenwälder durch menschliche Eingriffe zu Lärchenwäldern degradiert wurden.

Die Zugehörigkeit unseres Waldes zu diesem sauerkleereichen Typ zeigt uns, daß der Wasser- und Nährstoffhaushalt für die flachwurzelnde Fichte sehr gut ist. Diese Erkenntnis findet auch ihre Bestätigung im ausgezeichneten Höhenwuchs trotz 1820 m Seehöhe; denn dieser kaum hundertjährige Fichtenwald ist 20—25 m hoch.

Das Zurücktreten der Heidelbeere ist ausschließlich der großen Beschattung durch den hochstämmigen, mehr oder weniger geschlossenen Wald am ohnedies schattigen Nordhang zuzuschreiben, denn die Heidelbeere tritt sofort mehr oder weniger hervor, wenn sich der Fichtenwald lichtet.

Dem ist es zuzuschreiben, daß die Heidelbeere in den kleineren und größeren Blößen dieses Fichtenwaldes, ja sogar dort, wo er lichter steht, überall hervortritt.

Der Haushalt dieses Fichtenwaldes ist insbesondere auch durch die schattige, schneereiche, kühle Lage der Fichtenstufe gekennzeichnet.

Die Vegetationsentwicklung geht aus der aufgezeigten schematischen Darstellung hervor.

Wirtschaftliche Folgerungen: Wie wir aus den angeführten Beispielen gesehen haben, entwickeln sich diese Fichtenwälder meist aus mehr oder weniger trockenen, bodensauren Lärchenwäldern. Je nach dem Grad der menschlichen Beeinflussung können daher die Fichtenwälder wieder zu Lärchenwäldern bzw. noch weiter zu Zwergstrauchheiden- und Grünerlenwäldern, je nach dem Gang der Vegetationsentwicklung, degradiert werden. Gerade auf sonnseitigen Hängen ist die Gefahr der Bodenvernichtung größer als auf schattigeren Nordhängen, weil hier durch die Lage am Nordhang einigermaßen Feuchtigkeit erhalten werden kann.

Kahlschlag, Streunutzung und Weide schaden diesen Wäldern um so mehr, je sonniger die Lage des Waldes ist; sie setzen den Wasserhaushalt des Waldes herab und nehmen ihm seine Lebenskraft und somit seine Zuwachsleistung. Wir müssen daher den Wald so pfleglich als möglich bewirtschaften.

Die Beziehung zum Lärchenwald gibt uns zu erkennen, daß außer der Lärche und der Fichte keine hochstämmigen Nutzholzarten lebenskräftig aufkommen können. Im Interesse der Mischwuchspflege müssen wir daher einen Lärchen-Fichten-Mischwald anstreben.

Der im Beispiel 2 aufgezeigte Wald kann selbst durch Kahlschläge auf kleinerer Fläche nicht so stark verwüstet werden, weil sich zwischen den Grobblöcken ein hinreichender Wasser- und Nährstoffhaushalt halten kann.

Der im Beispiel 5 aufgezeigte Wald könnte, da er so nahe dem Abfuhrweg liegt, durch einen geregelten Plenterbetrieb seine Zuwachsleistung erheblich steigern.

Durch diese Wirtschaft würde das Bodenleben ein gleichmäßiges Klima finden und könnte sich im frischen Boden vermehren und langsam den rohen Bestandesabfall so abbauen, daß die Heidelbeere zurückgeht und Sauerklee und andere anspruchsvolle Arten sich ausbreiten.

Der Fichtenwald des Beispiels 6 muß sehr pfleglich behandelt werden, da der Wald durch Schneeschub sehr gefährdet ist. Insbesondere muß getrachtet werden, die Bestockung zu verdichten, um damit die Bodengüte zu heben und die Gefährdung durch Schneeschub zu bannen.

Der Fichtenwald des Beispiels 7 vermag hier Bestes zu leisten, wenn er möglichst geschlossen erzogen wird.

Kahlschläge sind nur kleinflächig durchzuführen und möglichst bald wieder in Kultur zu bringen, damit die Heidelbeere bzw. die Zwergstrauchheide der Rostalmrose nicht zu dicht und hoch heranwachsen können.

Im Sinne der Charakterartenlehre Braun-Blanquets können wir die Einzelbestände der Fichtenwälder, die mit dem bodensauren Lärchenwald in Beziehen stehen, zum Piceetum subalpinum Br.-Bl. 1938 stellen;

und zwar können wir sie den faziellen Ausbildungen von:

1. *Deschampsia flexuosa,*
2. *Linnaea borealis*
3. *Sphagnum acutifolium*
4. *Ptilium crista-castrensis*
5. *Melampyrum silvaticum*
7. *Oxalis Acetosella*

zuteilen.

Es folgen nun:

Bodensaure Fichtenwälder, die im Lärchenwald aufgekommen sind und sich weiter zum Rotbuchen-Tannenwald oder zum Tannenwald entwickeln.

Beispiele:

Nummer der Aufnahme	1	2	3	4	5	6
Meereshöhe in Metern	650	1050	1510	1530	900	1500
Himmelslage	NW	N	NO	N	N	N
Neigung in Graden	20	10	15	10	10	10
Bodenunterlage	calc.	calc.	calc.	calc.	sil.	sil.
Baumschicht: Bestockung:				0,7		0,8
Picea excelsa	5.5	5.5	5.5	5.4	5.5	0,7
Abies alba	+	1.1		+	+	0,2
Larix decidua	+	+	+		+	0,1
Fagus silvatica		+°				
Strauchschicht:						
Picea excelsa	1.1		1.1°	1.2	+	+
Abies alba	1.1	+				+
Daphne Mezereum		+	+			
Sorbus aucuparia		+			1.1	
Corylus Avellana					1.2	
Niederwuchs:						
Fichtenwaldarten:						
Melampyrum silvaticum	1.1	+	+	+	+	1.1
Luzula luzulina		+	+	+	+	1.1
Pirola uniflora	+	+	1.1	+		+
Picea excelsa		1.1	2.1		1.1	+
Homogyne alpina			2.2	1.1	+	1.1
Lycopodium annotinum	2.2		1.2	1.2	+.2	1.2
Saxifraga cuneifolia	1.2		+.2	2.2		
Listera cordata		+	1.1	+		+.2

Nummer der Aufnahme	1	2	3	4	5	6
Meereshöhe in Metern	650	1050	1510	1530	900	1500
Himmelslage	NW	N	NO	N	N	N
Neigung in Graden	20	10	15	10	10	10
Bodenunterlage	calc.	calc.	calc.	calc.	sil.	sil.
Corallorrhiza trifida		+				
Blechnum Spicant		+				
Goodyera repens	+.2					
Bodensaure Arten:						
Vaccinium Myrtillus	4.2	1.2	4.3	4.4	4.3	3.2
Vaccinium Vitis-idaea	1.1	+	2.2	1.1	1.2	1.2
Oxalis Acetosella	+	3.2	2.2	+	2.2	3.3
Majanthemum bifolium	1.1	+	+.2	+	+	1.1
Veronica officinalis		+	+	+	+	
Luzula pilosa		+	+	+		1.1
Prenanthes purpurea		+			+	+
Pirola secunda	+.2	1.2				
Potentilla erecta			1.1			
Calamagrostis villosa	1.2		+.2			+.2
Luzula silvatica				+	+	
Luzula albida				+	+	
Deschampsia flexuosa					3.2°	+.2°
Hieracium Lachenalii					+	+
Carex pilulifera					+	
Anspruchsvolle Laubwaldarten:						
Hieracium silvaticum	+	+	+			
Aremonia agrimonioides	+	+				
Abies alba		1.1				+
Aposeris foetida			2.2	1.2		
Homogyne silvestris	2.2					
Farne:						
Lastrea Dryopteris (= Dryopteris disjuncta)	2.2	+	+			+
Dryopteris austriaca					+	+
Sonstige Begleiter:						
Pteridium aquilinum		+			1.1	

Nummer der Aufnahme	1	2	3	4	5	6
Meereshöhe in Metern	650	1050	1510	1530	900	1500
Himmelslage	NW	N	NO	N	N	N
Neigung in Graden	20	10	15	10	10	10
Bodenunterlage	calc.	calc.	calc.	calc.	sil.	sil.
Moose:						
Rhytidiadelphus triquetrus	2.5	4.4	4.5	1.2	4.4	3.4
Hylocomium splendens	1.1	2.2	+	2.2	2.2	1.3
Dicranum scoparium		+.2	+.2		+.2	1.3
Pleurozium Schreberi	2.3		+.2	+.2		3.3
Plagiochila asplenioides			+		2.2	1.3
Sphagnum acutifolium		+		+.3	1.5	
Ptilium crista-castrensis	3.5			+.2		2.2
Polytrichum formosum			+	+	1.1	1.1
Rhytidiadelphus loreus		1.2				
Ctenidium molluscum		+.3	+.3			
Polytrichum juniperinum		+.2	+.2			
Plagiothecium undulatum		+.2				
Bazzania trilobata	1.5					

Die Aufnahmen entstammen folgenden Örtlichkeiten und enthielten ferner vereinzelt:

Aufnahme Nr. 1: Auf Grobblock-Bergsturzboden im Kraßgraben zwischen Wollanigberg und Amberg bei Villach:

Salix grandifolia, Valeriana tripteris, Lastrea Phegopteris (= Dryopteris Phegopteris), Rubus saxatilis, Sorbus aucuparia, Clematis alpina, Peltigera aphthosa.

Aufnahme Nr. 2: Auf grobem Kalkgeblöck am Beginn des Bodentales südlich Windisch-Bleiberg in Kärnten.

Fagus silvatica°, *Sanicula europaea, Euphorbia amygdaloides, Viola silvestris, Cardamine trifolia, Mycelis muralis, Carex digitata, Anemone trifolia, Polystichum paleaceum (= P. Braunii), Gentiana asclepiadea, Helleborus niger, Ajuga reptans.*

Aufnahme Nr. 3: Am Aufstieg von Heiligengeist zur Ottohütte auf der Villacher Alpe:

Cardamine trifolia, Veronica latifolia, Anemone nemorosa, Veronica Chamaedrys, Athyrium Filix-femina, Lastrea obtusifolia (= Dryopteris obtusifolia), Polygonatum verticillatum, Hepatica nobilis, Viola biflora, Symphytum tuberosum, Hypericum maculatum, Adenostyles glabra, Polygonum viviparum.

Aufnahme Nr. 4: Am Aufstieg vom Pridou unterhalb Bleckowa in den Karawanken.

Betula verrucosa.

A u f n a h m e N r. 5: Ober dem Unterdorf Arriach am Fuße der Görlitzen:
Veronica latifolia, Anemone nemorosa, Actaea spicata, Dryopteris Filix-mas, Polypodium vulgare, Polystichum paleaceum, Senecio Fuchsii, Rubus idaeus.*

A u f n a h m e N r. 6: Bei der Waldtratten auf der Görlitzen:
Mycelis muralis.

Den 15 m hohen Fichtenwald der Aufnahme Nr. 1 stelle ich zum „Laricetum calcicolum acidiferens ↗ PICEETUM abietetosum myrtillosum ↗ Abieteto-Fagetum", also zum oberflächlich bodenversauerten, heidelbeerreichen Fichtenwald, der im bodenbasischen Lärchenwald aufgekommen ist und sich früher oder später zum Rotbuchen-Tannen-Fichten-Mischwald weiterentwickeln würde.

Die Beziehung zum Tannenwald geht daraus hervor, daß die Tanne infolge der zusagenden Boden- und Klimaverhältnisse in diesem Frostbecken in der Baum- und Strauchschicht lebenskräftig aufkommen kann und früher oder später die Herrschaft über den Fichtenwald an sich reißen wird.

Die Rotbuche kann vorläufig noch nicht aufkommen, weil ihr die Bodengüte noch nicht zusagt.

Der Rotföhre sagt das Klimagebiet der oberen Buchenstufe nicht zu. Die Lärche baute als Pionier-Holzart in Zusammenarbeit mit den Sträuchern und Kräutern allmählich einen solchen Boden auf, daß auch die Fichte lebenskräftig aufkommen konnte. Damit mußte die Lärche als lichtbedürftige Holzart weichen. Im Zuge der weiteren Bodenbildung und Vegetationsentwicklung bekam der Boden einen zunehmenden Wasser- und Nährstoffhaushalt und ermöglichte später auch der Tanne das Aufkommen. Nun ist der Haushalt dieses Waldes gekennzeichnet durch den frischen, aber nur mäßig nährstoffreichen Boden und das Klimagebiet der oberen Buchenstufe.

Im Sinne der Charakterartenlehre B r a u n - B l a n q u e t s können wir diesen Einzelbestand dem Piceetum transalpinum Br.-Bl. 1939 zuteilen, und zwar der Subassoziation myrtilletosum.

Er zeigt aber auch enge Beziehungen zum Aremonieto-Piceetum Horvat 1939.

Ich stelle ihn trotz des herrschenden Hervortretens von *Vaccinium Myrtillus* nicht zum Piceetum subalpinum, weil das Auftreten von *Abies alba* in der Baumschicht und von *Aremonia Agrimonoides, Homogyne silvestris* und die Lage am Saum eines Buchenwaldes den montanen Charakter kennzeichnet.

Den Fichtenwald der Aufnahme Nr. 2 untersuchte ich auf grobem Kalkgeblöck im Bergsturzgebiet am Beginn des Bodentales in den Karawanken, südlich Windisch-Bleiberg.

Ich stelle diesen Fichtenwald zum „Laricetum calcicolum acidiferens ↗ PICEETUM abietetosum oxalidosum ↗ Fagetum", also zum oberflächlich bodensauren sauerkleereichen Fichtenwald, der im bodenbasischen Lärchenwald hochgekommen ist und sich früher oder später zum geschlossenen Tannenwald weiter entwickeln wird.

---

*) *Polystichum paleaceum* (Borkh.) Schwarz = *P. Braunii* (Spenn.) Fée.

Bodenfrischer Rotbuchenmischwald

↑

Fichten-Tannen-Mischwald

↑

Fichtenwald mit Tannen-Unterwuchs

↑

Fichten-Lärchen-Mischwald

↑

Bodenbasischer Lärchenwald mit Fichten-Unterwuchs

↑

Bodenbasischer Lärchenwald

Wir haben es hier mit einem Fichtenwald zu tun, der sich auf einem Bergsturzboden durchgesetzt hat und im Niederwuchs durch die Arten: *Listera cordata, Pirola uniflora, Luzula flavescens, Corallorrhiza trifida, Melampyrum silvaticum, Lastrea Dryopteris (= Dryopteris disjuncta), Blechnum Spicant* besonders charakterisiert ist.

Wird diesem Wald durch waldverwüstende Eingriffe seine Bodenfrische und sein Nährstoffhaushalt genommen, so verliert er dadurch die Beziehung zum anspruchsvolleren Buchenwald und wird zu einem Fichtenwald, ja bei besonderer Bodenverschlechterung wird er zum anspruchsloseren bodenbasischen Lärchenwald degradiert.

Im Sinne der Schule Braun-Blanquet können wir diesen Wald zum PICEETUM transalpinum Br.-Bl. 1939 stellen; denn wir finden in ihm an Verbands- und Ordnungscharakterarten:

Picea excelsa	*Luzula luzulina (= L. flavescens)*
Vaccininium Myrtillus	*Listera cordata*
Melampyrum silvaticum	*Homogyne alpina*
Vaccinium Vitis-idaea	*Lycopodium annotinum;*
Pirola uniflora	

ferner an Assoziations-Charakterarten:

Saxifraga cuneifolia	*Goodyera repens*

Nach Braun-Blanquet ersetzt diese Assoziation das Piceetum montanum der Nordtäler in den nach Süden geöffneten Talschaften Graubündens und Tessins und ist wohl auf der Südseite der Alpen weiter verbreitet.

Den Fichtenwald der Aufnahme Nr. 3 stelle ich zum „Laricetum deciduae calcicolum acidiferens ↗ PICEETUM myrtillosum ↗ Abietetum“, also zum oberflächlich bodensaueren heidelbeerreichen Fichtenwald, der im bodenbasischen Lärchenwald hochgekommen ist und sich früher oder später zum geschlossenen Tannenwald weiter entwickeln wird.

Wir haben es auch hier mit einem Fichtenwald zu tun, der sich über einen bodenbasischen Lärchenwald durchgesetzt hat und im Niederwuchs durch die Arten: *Listera cordata, Pirola uniflora, Luzula flavescens, Lycopodium annotinum, Melampyrum silvaticum, Lastrea Dryopteris (= Dryopteris disjuncta), Homogyne alpina, Saxifraga cuneifolia* besonders charakterisiert ist.

Die Beziehung zum Tannenwald geht daraus hervor, daß sich hier in diesem Frostbecken in Nordlage die Buche nicht lebenskräftig durchsetzen kann und die Vegetationsentwicklung zum Tannenwald führt, wie aus den Untersuchungen in der Umgebung unter sonst gleichen Verhältnissen hervorgeht. Eine ganze Reihe anspruchsvoller Arten *(Hieracium silvaticum, Aposeris foetida, Veronica latifolia, Cardamine trifolia, Hepatica nobilis, Anemone nemorosa, Veronica Chamaedrys, Symphytum tuberosum)* lassen erkennen, daß der Wasser- und Nährstoffhaushalt des Bodens nicht ungünstig ist. Dafür spricht auch, daß das Kranzmoos so stark hervortritt.

Die Heidelbeere tritt hier stärker hervor, weil der Boden im Kahlschlagbetrieb bewirtschaftet wurde.

Der Haushalt dieses Fichtenwaldes ist gekennzeichnet durch seine Lage am Nordhang zwischen Fichten- und Buchenstufe und durch den lehmigen Verwitterungsboden mit gutem Wasser-, aber mäßigem Nährstoffhaushalt.

Hinsichtlich der Vegetationsentwicklung gilt dasselbe wie bei Aufnahme Nr. 2.

Im Sinne der Charakterartenlehre Braun-Blanquets stelle ich diesen Wald zum Piceetum subalpinum Br.-Bl. 1938.

Den 100jährigen Fichtenwald der Aufnahme Nr. 4 untersuchte ich am Aufstieg zum Pridou unterhalb Bleckowa in den Karawanken. Ich stelle ihn zum „Laricetum basiferens ↗ PICEETUM abietetosum myrtillosum ↗ Abietetum“, also zum oberflächlich bodensauren Fichtenwald, der im bodenbasischen Lärchenwald hochgekommen ist und sich früher oder später weiter zum Tannenwald entwickeln wird.

Dieser Fichtenwald zeigt einen charakteristischen floristischen Aufbau, insbesondere eine Fülle von Charakterarten: *Lycopodium annotinum, Pirola uniflora, Luzula flavescens, Listera cordata, Saxifraga cuneifolia, Homogyne alpina, Melampyrum silvaticum, Ptilium crista-castrensis.*

Die Beziehung zum Tannenwald geht daraus hervor, daß dieser Wald wohl der Tanne, aber nicht der Buche Lebensmöglichkeiten zu bieten vermag. Dieser Wald besitzt viel Ähnlichkeit mit dem Fichtenwald Nr. 3 in 1510 m Seehöhe unterhalb Ottohütte, wenn auch sein Boden geringere Güte besitzt. Hinsichtlich Haushalt und Gang der Vegetationsentwicklung gilt dasselbe, was ich beim Fichtenwald Nr. 3 aufzeigte.

Auch dieser Wald gehört im Sinne der Charakterartenlehre dem Piceetum subalpinum Br.-Bl. 1938 an.

Den Fichtenwald der Aufnahme Nr. 5 untersuchte ich ober dem Unterdorf Arriach am Fuße der Görlitzen. Ich stelle ihn zum „Laricetum silicicolum acidiferens sec. ↗ PICEETUM abietetosum myrtillosum ↗ Abieteto-Fagetum, also einem sekundären bodensauren heidelbeerreichen Fichtenwald, der im bodensauren Lärchenwald aufgekommen ist und schon gewisse Beziehungen zum Tannenwald hat.

Wir haben es hier mit einem Fichtenwald zu tun, der in der oberen Buchenstufe wächst und ein Waldverwüstungsstadium des Tannen-Buchen-Fichten-Mischwaldes ist. Die Arten: *Homogyne alpina, Lycopodium annotinum, Luzula flavescens, Melampyrum silvaticum, Ptilium crista-castrensis* sind besonders charakteristisch.

Wie sehr dieser Fichtenwald der oberen Buchenstufe angehört, geht daraus hervor, daß anschließend ein Buchenwald wächst, mit den für diesen Wald so bezeichnenden Arten: *Dentaria pentaphyllos* und *Aruncus vulgaris.*

Auch dieser Wald gehört im Sinne der Charakterartenlehre Braun-Blanquets dem Piceetum subalpinum Br.-Bl. 1938 an.

Den 80jährigen 0,8 bestockten Fichtenwald der Aufnahme Nr. 6 untersuchte ich auf der Waldtratten ober der Kanzel am Wege auf die Görlitzen.

Ich stelle ihn zum „Laricetum silicicolum acidiferens ↗ Abieteto-PICEETUM oxalidosum ↗ Abietetum", also zum sauerkleereichen bodensauren Tannen-Fichten-Mischwald, der sich über einen bodensauren Lärchenwald heraufentwickelt hat und schon gewisse Beziehungen zum Tannenwald besitzt.

Dieser Fichtenwald läßt sich auch im Sinne der Charakterartenlehre durch seine Fülle von Charakterarten fassen.

Die Beziehung zum Tannenwald ist klar. Er liegt klimatisch gerade in einer Höhenstufe, in welcher die Buche als frostgefährdete Holzart nicht eindringen kann, nämlich im untersten Teil der Fichtenstufe. Es läßt sich aber verfolgen, daß die Tanne als schattenfestere Holzart früher oder später, wenn der Boden eine hinreichende Güte erlangt hat, die Fichte zurückdrängt und somit die Herrschaft an sich reißt, daß also die Vegetationsentwicklung früher oder später vom Fichtenwald zum Tannenwald erfolgt.

Die Tanne tritt in unserem Fichtenwald in der Baumschicht sehr hervor und ist auch in der Strauch- und Krautschicht lebenskräftig vertreten.

Der Haushalt unseres Fichtenwaldes ist gekennzeichnet durch seine Lage im untersten Teil der Fichtenstufe, in welche die Buche als spätfrostgefährdete Holzart lebenskräftig nicht mehr eindringen kann, und durch den frischen und für das lebenskräftige Aufkommen der Tanne hinreichend nährstoffreichen Boden.

Da dieser Wald auf Silikatboden stockt, verlief hier die Entwicklung wie beim vorigen Beispiel vom bodensauren Lärchenwald zum Fichtenwald.

Dieser Wald gehört im Sinne der Schule Braun-Blanquet zum Piceetum subalpinum Br.-Bl. 1938, weil in ihm auftreten:

die Assoziations-Charakterarten

Lycopodium annotinum
Listera cordata
Pirola uniflora
Luzula luzulina (= L. flavescens)
Ptilium crista-castrensis,

die Verbands-Charakterarten

Picea excelsa
Calamagrostis villosa,

die Ordnungs-Charakterarten

Vaccinium Myrtillus
Vaccinium Vitis-idea
Homogyne alpina.

Wirtschaftliche Folgerungen: Diese Ausbildung stellt für die Fichte ein verhältnismäßig hohes Stadium der Entwicklung dar, mit gutem Wasser- und Nährstoffhaushalt. Auch die Tanne findet zusagende Lebensbedingungen. Daraus ziehen wir den Schluß, daß wir einen gutwüchsigen Tannen-Fichten-Mischwald erreichen können. Trotzdem müssen wir aber auch darauf bedacht sein, den Wasser- und Nährstoffhaushalt zu erhalten und nicht durch irgendwelche verwüstende Eingriffe zu vernichten, denn der Boden besaß ursprünglich einen schlechten Wasser- oder Nährstoffhaushalt. Erst im Zuge der ungestörten Vegetationsentwicklung hat er diese Güte bekommen. Wir können nur dann diese Güte des Bodens und den günstigen Holzzuwachs erhalten, wenn wir im Sinne der Mischwuchspflege die flachwurzelnden Fichten mit den tiefer wurzelnden Tannen mischen. Dies ist von größter Bedeutung, obwohl ja manche Forstleute meinen, kein Interesse an der Tannenbeimischung zu haben, weil die Tannen schwerer sind und daher die Kosten des Abtransportes erhöhen und außerdem keine Gerbrinde liefern. Ich glaube aber, daß die Nachhaltigkeit der Güte des Standortes von größerer Bedeutung ist.

Die Tannenbeimischung können wir vor allem im geregelten Plenterbetrieb erhalten und so müssen wir trachten, möglichst alle Fichtenwälder dieser Ausbildung im Plenterbetrieb zu bewirtschaften, da nur dieser eine weitere Hebung des Wasser- und Nährstoffhaushaltes des Bodens gewährleistet. Kahlschläge sollen auf alle Fälle vermieden werden. Auch die Beweidung des Wal des vermindert die Bodengüte durch Festigung des Oberbodens.

Die Buche kommt als Mischholzart nicht in Frage, weil sie die spätfrost gefährdete Lage nicht ertragen kann.

Fichtenwald, im bodensauren Stieleichen-Rotföhrenwald aufgekommen.

(Querceto-Pinetum acidiferens ↗ PICEETUM.)

Floristischer Aufbau: In der Baumschicht herrscht die Fichte, begleitet von Rotföhren und Eichen, und dort, wo örtlich die Haushaltsverhältnisse besser sind, können auch anspruchsvollere Holzarten wie Buchen oder Tannen aufkommen. Die lichtbedürftigen Eichen treten im geschlossenen Fichtenwald zurück, weil sie die Beschattung nicht ertragen können. In der Strauchschicht kommen in diesen, meist nicht ganz geschlossenen Wäldern sehr oft Eichen in größerer Zahl vor; auch die Fichten kommen da und dort aus natürlicher Verjüngung hervorgehend in der Strauchschicht sehr stark auf. Im Niederwuchs treten die ausgesprochenen Fichtenwaldarten selten in der charakteristischen Artenzusammensetzung auf. Bodensaure Arten treten stark hervor, sehr oft begleitet von Arten des bodensauren Eichenwaldes. Anspruchsvollere Laubwaldarten können nur dort vorkommen, wo örtlich die Haushaltsverhältnisse schon besser sind.

Ich habe bei meinen Aufnahmen folgende zwei Untertypen unterschieden: den Rotföhren-Untertypus und den Rotbuchen-Untertypus. Dabei kennzeichnet die erstere vor allem die Standorte mit ungünstigeren Haushaltsverhältnissen, während der Rotbuchen-Untertypus schon darauf hinweist, daß auch Buchen aufkommen können.

Haushalt: Wir finden diese Fichtenwälder nur in der warmen Buchenstufe, wo sie sich meist aus Verwüstungsstadien des bodensauren Eichenwaldes entwickelt haben. Die Haushaltsverhältnisse erklären sich aus dem Gang der

E n t w i c k l u n g: Der Gang der Vegetationsentwicklung ergibt sich aus nachfolgender schematischer Darstellung:

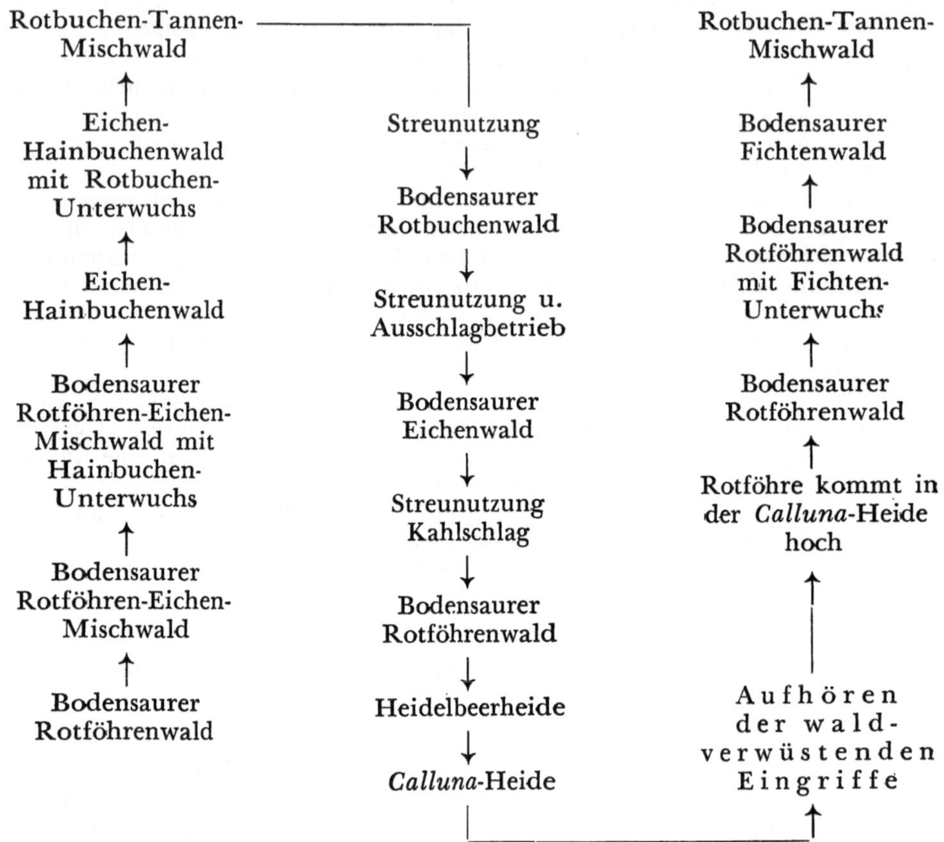

Aus dieser schematischen Darstellung ersehen wir, daß der ursprünglich saure, mehr oder weniger trockene (Drumlinmoränen-)Boden von Rotföhren besiedelt wurde, daß dann im Zuge der Bodenbildung und Vegetationsentwicklung in zunehmendem Maße anspruchsvollere Bäume aufkommen konnten und schließlich die Vegetationsentwicklung zum Buchen-Mischwald führte.

Der Niederwaldbetrieb und die Streunutzung haben den anspruchsvollen Buchenmischwald zum bodensauren Eichenwald und Rotföhrenwald, ja sogar zur Heidelbeerheide und Heidekrautheide herabgewirtschaftet.

Mit Aufhören der waldverwüstenden Eingriffe kamen in den Zwergstrauchheiden die Föhren wieder hoch und der Boden bekam durch die Auflagerung des Bestandesabfalles eine wasserhaltende Kraft, so daß die Fichten im Unterwuchs aufkommen konnten.

Mit zunehmender Bodenverbesserung gewannen die Fichten immer mehr an Lebenskraft und setzten sich schließlich durch.

Aber auch hier bleibt die Bodenbildung und Vegetationsentwicklung nicht stehen, sondern verläuft zum Schlußglied der Vegetationsentwicklung in diesem Klimagebiet, zum Buchenmischwald.

Aus diesen Zusammenhängen müssen wir lernen, daß hier Heidekrautheide, Heidelbeerheide, Rotföhrenwald und Fichtenwald ihren verschiedenen floristischen Aufbau waldverwüstenden Eingriffen verdanken, aber doch genetisch mit dem bodensauren Eichenwald in Beziehung stehen.

Deshalb drücken wir diese so wichtige Beziehung auch im Namen aus:

Quercetum Roboris acidiferens ↘ Callunetum.
Quercetum Roboris acidiferens ↘ Vaccinietum Myrtilli.
Quercetum Roboris acidiferens ↘ Pinetum silvestris.

Beispiele:

Nummer der Aufnahme	1	2	3	4	5	6
Meereshöhe in Metern	560	500	500	530	500	500
Himmelslage	O	O	N	N	N	eben
Neigung in Graden	5	5	10	10	10	
Baumschicht: Bestockung:	0,8	0,8	0,7	0,7	0,8	0,7
Picea excelsa	5.5	0,7	5.5	0,8	5.5	5.5
Pinus silvestris	+	0,3	+	0,2	1.1	1.1
Quercus Robur			+		+	+
Fagus silvatica				+	+	+
Betula verrucosa					+	+
Abies alba					+	
Strauchschicht:						
Picea excelsa	0,5	+	+	+	+°	
Quercus Robur	2.2	1.1	1.1		+	
Sorbus aucuparia		+			+	+
Fagus silvatica				+	+	+
Rhamnus Frangula		1.1	1.1		+	
Betula verrucosa		+				
Abies alba					1.1	
Berberis vulgaris						+
Tilia cordata						+
Niederwuchs:						
Fichtenwaldarten:						
Picea excelsa		+		1.1		+
Galium scabrum		+				
Blechnum Spicant		+			+	
Homogyne alpina		+				
Melampyrum silvaticum					+	
Lycopodium annotinum					+	
Bodensaure Arten:						
Vaccinium Myrtillus	4.3	4.4	4.5	4.4	5.3	2.2
Vaccinium Vitis-idaea	2.2	1.2	1.2	1.2	+.2	

Nummer der Aufnahme	1	2	3	4	5	6
Meereshöhe in Metern	560	500	500	530	500	500
Himmelslage	O	O	N	N	N	
Neigung in Graden	5	5	10	10	10	eben
Luzula pilosa	1.2	2.2	2.2	1.2		+
Luzula albida	1.3				+°	
Oxalis Acetosella					+	4.3
Calluna vulgaris	+.2			+.2		
Veronica officinalis	+					+
Majanthemum bifolium					+	1.1
Pirola secunda					+	+
Carex pilulifera		+.2				
Platanthera bifolia				+		
Lycopodium clavatum	4.4					
Campanula rotundifolia	+					
Solidago Virgaurea					+	
Prenanthes purpurea					+	
Pirola chlorantha						+
Eichenwaldarten						
Melampyrum pratense	3.2	(+)		1.1		
Quercus Robur		+		+		+
Lathyrus montanus						+
Anspruchsvolle Laubwaldarten:						
Hieracium silvaticum					+	+
Mycelis muralis					+	+
Abies alba				+		+
Carex digitata					+	
Viola silvestris						1.1
Sanicula europaea						2.1
Actaea spicata						+
Galium vernum						+
Veronica Chamaedrys						+
Sonstige Begleiter:						
Pteridium aquilinum	+	+	+		2.1	+
Rubus „fruticosus"					2.1	1.1
Ajuga reptans						1.1
Fragaria vesca						+
Molinia coerulea		(+.2)				
Dryopteris austriaca		+				
Tilia platyphyllos				+		
Polygala Chamaebuxus	+.2					
Athyrium Filix-femina					+	
Orchis maculata						+
Prunella vulgaris						+
Hypericum maculatum						+
Pimpinella saxifraga						+

Nummer der Aufnahme	1	2	3	4	5	6
Meereshöhe in Metern	560	500	500	530	500	500
Himmelslage	O	O	N	N	N	
Neigung in Graden	5	5	10	10	10	eben
M o o s e :						
Pleurozium Schreberi	5.5	4.5	3.3	4.5	4.4	2.2
Hylocomium splendens	+.2	1.4		1.2	3.3	+.2
Polytrichum formosum	+.3	1.1		1.2	3.2	
Rhytidiadelphus triquetrus	1.5		+.2	2.3		3.2
Dicranum undulatum	+.3	1.3	1.2			
Ptilium crista-castrensis		3.5	3.5			
Sphagnum acutifolium			1.5		+.4	
Sphagnum spec.		+.3				
Dicranum scoparium					+.2	
Plagiothecium undulatum					+	

Den 10 bis 12 m hohen, 0,8 bestockten Fichtenwald der Aufnahme Nr. 1 untersuchte ich auf einem wenig Ost geneigten Hang auf Drumlinmoränenboden westlich von Villach bei der Bleiröhrenfabrik.

Heidelbeer-reicher Fichtenwald wächst langsam in die alten Bürstlingrasen-reichen Weideflächen ein.

Ich stelle diesen Wald zum Rotföhren-Untertyp des heidelbeerreichen Fichtenwaldes, der unter dem Stieleichen-Rotföhrenwald aufgekommen ist: Querceto-Pinetum silvestris ↗ PICEETUM pinetosum myrtillosum ↗ Fagetum.

Ich stelle diesen Fichtenwald, der aus natürlicher Verjüngung hervorgegangen ist, in Beziehung zum bodensauren Eichenwald, weil er auf ehemaligem Eichenwaldboden siedelt, der durch Streunutzung zum Föhrenwald herabgewirtschaftet wurde. In diesem konnte die Fichte aufkommen. Die Eiche tritt immer wieder als Mischholzart auf, wenn sie ihre großen Lichtansprüche befriedigen kann.

In diesem Walde tritt sie in der Strauchschicht stark hervor, begleitet von Arten, die für den bodensauren Eichenwald bezeichnend sind.

Der Haushalt unseres Waldes ist gekennzeichnet durch seine Lage in der unteren Buchenstufe und durch den sauren Rohhumusboden.

Der Boden zeigt eine 3 cm dicke Rohhumusschicht, darunter 10 cm dunklen sauren Humusboden und darunter einen rotbraunen lehmigen Sandboden.

Der Gang der Vegetationsentwicklung geht aus der obigen schematischen Darstellung hervor.

Im Sinne der Charakterartenlehre Braun-Blanquets haben wir es hier nicht mit einem Piceetum zu tun, sondern mit einer Pflanzengesellschaft, welche dem Quercetum medio-europaeum Br.-Bl. 1932 nahesteht.

Diese Auffassung geht daraus hervor, daß in unserem Fichtenwald keine einzige Charakterart des Piceetums auftritt, dafür aber *Quercus Robur, Melampyrum pratense,* die für das Quercetum medio-europaeum sehr bezeichnend sind.

Man würde nicht fehlgehen, wenn wir unseren Fichtenwald im Sinne der Charakterartenlehre zum Quercetum medio-europaeum piceosum stellen würde.

Aufnahme Nr. 2 stellt einen 10 bis 25 m hohen, 0,8 bestockten Fichtenwald mit sehr reichlicher Rotföhrenbeimischung dar, den ich nordöstlich des Langsees beim Magdalener See östlich Villach auf einem schwach Ost geneigten Hang auf Drumlinmoränen-Boden untersuchte.

Ich stelle diesen Wald zum gleichen Vegetationsentwicklungstyp wie den von Aufnahme Nr. 1.

Waldbaulich besonders bezeichnend für diesen Wald ist der verschiedene Höhenwuchs der Fichten (10 m hoch) und der Rotföhren (25 m hoch), der erkennen läßt, daß die Fichte im Unterwuchs des sehr schütteren Rotföhrenwaldes aufgekommen ist. Wenn auch die oberste Baumschicht die Kiefer einnimmt, so tritt diese mengenmäßig, physiognomisch zurück, weshalb ich diesen Wald zum Fichtenwald und nicht zum Rotföhrenwald stelle. Auch das starke Hervortreten des Helmbuschmooses *(Ptilium crista-castrensis)* und das Auftreten von *Homogyne alpina, Galium scabrum (= G. rotundifolium), Blechnum Spicant* spricht für den Fichtenwald.

Die Beziehung zum bodensauren Eichenwald ist klar. Überall in den Lichtungen und am Waldrand tritt die Stieleiche auf, begleitet von Arten des bodensauren Eichenwaldes. In unserer Aufnahme kommt die Stieleiche nur in der Strauchschicht und im Niederwuchs vor.

Der Waldboden wurde früher sehr streugerecht. Das reichliche Auftreten des Helmbuschmooses, aber auch des Haarmützen- und Torfmooses lassen die starke Bodenversauerung des Oberbodens erkennen.

Das Pfeifengras *(Molinia coerulea)* konnte vom verlandeten Langsee leicht herankommen.

Im Sinne der Charakterartenlehre nimmt dieser Fichtenwald eine mittlere Stellung zwischen Quercetum medio-europaeum Br.-Bl. 1932 und dem Piceetum montanum pinetosum Br.-Bl. 1938 ein.

Für das Piceetum montanum sprechen die Charakterarten:

Galium scabrum	*Homogyne alpina*
Blechnum Spicant	*Ptilium crista-castrensis.*

Für das Quercetum medio-europaeum sprechen die Arten:

Quercus Robur
Melampyrum pratense.

Wir gehen jedenfalls nicht sehr fehl, wenn wir unseren Wald in Anbetracht dessen, daß die Fichte die Baumschicht und Strauchschicht (natürlich aufgekommen) beherrscht und die Charakterarten des Piceetums auftreten, zum Piceetum montanum pinetosum Br.-Bl. 1938 stellen.

Aufnahme Nr. 3 entstammt einem 10° geneigten Nordhang auf Drumlinmoränenboden am Südufer des Flecksees beim Magdalener See im Osten von Villach in 500 m Seehöhe.

Dieser Fichtenwald ist 15 bis 20 m hoch und 0,7 bestockt.

Ich stelle ihn ebenfalls hieher (siehe Aufnahme Nr. 1).

Die Beziehung zum bodensauren Eichenwald geht, wie schon erwähnt, aus dem Gang der Entwicklung hervor. Die Eiche tritt in der Baumschicht, Strauch- und Krautschicht auf.

Der Wald wird noch ab und zu streugerecht und besitzt daher noch keine Beziehungen zum Buchenwald.

An Bodenstellen, die schon lange nicht streugerecht wurden, treten hervor: *Oxalis Acetosella, Majanthemum bifolium, Rubus „fruticosus", Athyrium Filix-femina.*

Im Sinne der Charakterartenlehre läßt sich dieser Fichtenwald schwer fassen, weil weder gute Charakterarten des Piceetums noch des Quercetum medio-europaeum auftreten.

Als einzige Charakterart tritt auf:
Ptilium crista-castrensis.

Sonach könnte man diesen Fichtenwald als fragmentarische Entwicklung der *Ptilium crista-castrensis*-Fazies des Piceetum montanum pinetosum auffassen.

Aufnahme Nr. 4 entstammt einem Seitenmoränenboden des Gegendtales und zwar dem 10° geneigten Nordhang des Oswaldiberges. Der Wald ist 0,7 bestockt und 15 bis 20 m hoch.

Ich stelle diesen Wald ebenfalls hieher (siehe Aufnahme Nr. 1).

Die Beziehung zum bodensauren Eichenwald geht ebenso wie bei Nr. 1 hervor, wenn auch *Quercus Robur* nur in der Strauchschicht vorkommt und nur *Melampyrum pratense* als Charakterart vertreten ist.

Dieser Wald wird weniger pfleglich bewirtschaftet, insbesondere wird er noch ab und zu durch Plaggenhieb streugenutzt. Daher ist sein Wasser- und Nährstoffhaushalt gering und gehört er trotz des Auftretens der Buche in der Baumschicht und Strauchschicht nicht dem Buchen-, sondern dem Rotföhren-Untertyp an.

An benachbarten Bodenstellen, die nicht streugenutzt werden, treten *Oxalis Acetosella, Majanthemum bifolium, Vinca minor, Dryopteris Filix-mas, Athyrium Filix-femina* auf und zeigen damit ein vorgeschrittenes Stadium der Vegetationsentwicklung.

Im Sinne der Charakterartenlehre Braun-Blanquets haben wir es hier nicht mit einem Piceetum zu tun, sondern mit einer Pflanzengesellschaft, welche dem Quercetum medio-europaeum Br.-Bl. 1932 nahesteht.

Diese Auffassung geht daraus hervor, daß in unserem Fichtenwald keine einzige Charakterart des Piceetums auftritt, dafür aber *Quercus Robur, Melampyrum pratense,* die für das Quercetum medio-europaeum sehr bezeichnend sind.

Man würde nicht fehlgehen, wenn wir unseren Fichtenwald im Sinne der Charakterartenlehre zum Quercetum medio-europaeum piceosum stellen würde.

Aufnahme Nr. 5 machte ich auf Drumlin-Moränenboden auf einem 10° geneigten Nordhang in der Abt. 122 b Rogatschwald im Norden des Faaker Sees in Kärnten. Der Wald ist 80 Jahre alt und 0,8 bestockt.

Ich stelle diesen Wald zum Rotbuchen-Untertyp des heidelbeerreichen Fichtenwaldes, der unter dem Stieleichen-Rotföhrenwald aufgekommen ist (Querceto-Pinetum silvestris ↗ PICEETUM fagetosum myrtillosum ↗ Fagetum).

Die Beziehung zum bodensauren Eichenwald ist klar, wenn auch die Eiche in der Baum- und Strauchschicht hier im mehr oder weniger geschlossenen Fichtenwald am Nordhang zurücktritt.

Überall in Lichtungen und am Bestandesrand tritt sie stärker hervor.

Bezeichnend für diesen Fichtenwald ist das Auftreten der Charakterarten des Fichtenwaldes: *Blechnum Spicant, Lycopodium annotinum, Melampyrum silvaticum, Plagiothecium undulatum* und die für den Buchenwald-Untertyp kennzeichnenden Differenzialarten: *Fagus silvatica, Abies alba, Hieracium silvaticum, Mycelis muralis, Carex digitata, Athyrium Filix-femina, Majanthemum bifolium, Rubus fruticosus* ssp.

Dieser Fichtenwald gehört einer großen Fideikommißherrschaft und wurde seit Generationen pfleglich behandelt, zuletzt unter meiner Leitung.

Im Sinne der Charakterartenlehre Braun-Blanquets können wir diesen Fichtenwald auf Grund des natürlichen Auftretens von *Picea* in der Baum-, Strauch- und Krautschicht, sowie der Charakterarten:

Blechnum Spicant	*Lycopodium annotinum*
Melampyrum silvaticum	*Plagiothecium undulatum*

zum Piceetum montanum pinetosum Br.-Bl. 1938 stellen.

Den im Beispiel Nr. 6 aufgezeigten 80jährigen, 0,7 bestockten Fichtenwald untersuchte ich im Rogatschwald nördlich Faakersee in mehr oder weniger ebener Lage.

Ich stelle diesen Wald zum Rotbuchen-Untertyp des sauerkleereichen Fichtenwaldes, der unter dem Stieleichen-Rotföhrenwald aufgekommen ist (Querceto-Pinetum silvestris ↗ PICEETUM fagetosum oxalidosum Acetosellae).

Ich selbst habe diesen Wald 10 Jahre als Forstmeister bewirtschaftet und weiß aus den Aufzeichnungen, daß er nicht aufgeforstet wurde, sondern natürlich unter dem Rotföhrenoberholz aufgewachsen ist.

Die Beziehung zum bodensauren Eichenwald geht daraus hervor, daß die Stieleiche ehemals einen viel größeren Anteil hatte und daß sie in Lichtungen und am Waldrand immer wieder aufkommt.

Auch jetzt noch ist sie in der Baum- und Krautschicht vertreten, begleitet von Charakterarten des bodensauren Eichenwaldes: *Pirola chlorantha, Lathyrus montanus.*

Ich habe diesen Fichtenwald dem Buchen-Untertyp zugeteilt („fagetosum"), weil er schon im Sinne der schematischen Darstellung ein dem Buchenwald nahestehendes Stadium darstellt.

Aus dem floristischen Aufbau ersehen wir, daß die Buche schon in der Baum- und Strauchschicht auftritt, im Unterwuchs begleitet von anspruchsvollen Laubwaldarten *(Sanicula europaea, Viola silvestris, Ajuga reptans, Actaea spicata, Mycelis muralis, Abies alba, Veronica Chamaedrys, Hieracium silvaticum).* Diese Arten lassen einen guten Wasser- und Nährstoffhaushalt erkennen.

Dieser Fichtenwald steht dem bodensauren Fichten-Untertyp des Rotbuchenwaldes nahe, welcher sich über den Stieleichen-Rotföhrenwald heraufentwickelt hat.

Obwohl dieser Fichtenwald natürlich aufgekommen ist, so können wir ihn im Sinne der Charakterartenlehre nicht zum Piceetum stellen; da er außer *Picea* keine Charakterart dieses Waldes besitzt.

Wenn auch eine Charakterart des Quercetum medio-europaeum auftritt *(Lathyrus montanus),* so steht unser Wald durch das Auftreten der Charakterarten:

Mycelis muralis	*Viola silvestris*
Actaea spicata	*Sanicula europaea*
Carex digitata	*Fagus silvatica*

dem Fagetum um vieles näher.

Wenn auch dieser Wald durch die Begünstigung der Fichte und durch die ehemalige Streunutzung sehr gestört ist, so würden wir keinen Fehler begehen, wenn wir diesen Wald zum Fagion silvaticae Luquet 1926 stellen.

Wirtschaftliche Folgerungen: Wie aus dem aufgezeigten Schema und der Besprechung der Vegetationsentwicklung hervorgeht, sind diese Fichtenwälder aus Verwüstungsstadien des bodensauren Eichenwaldes entstanden, die sich nach Aufhören der menschlichen Eingriffe wieder zum anspruchsvolleren Wald entwickeln können. Die Beispiele 1—4 gehören dem Rotföhren-Untertyp an und weisen damit darauf hin, daß die Haushaltsverhältnisse noch nicht sehr gut sind. Der Rotbuchen-Untertyp (siehe Beispiele 5—6) deutet schon das weitere Stadium der Entwicklung an und gibt den Hinweis auf weitere Wirtschaftsmöglichkeiten.

Auf alle Fälle muß die Streunutzung unterbleiben, da diese den Wasser- und Nährstoffhaushalt des Oberbodens so herabsetzt, daß die im Oberboden flach wurzelnde Fichte ihren Wasserhaushalt nicht mehr befriedigen kann und ihre Lebenskraft verliert. Der Fichtenwald würde zum Rotföhrenwald degradiert werden, der mit seinem xerophytischen Bau und der tiefergehenden Bewurzelung den ungünstigen Wasserhaushalt viel besser ertragen kann als die Fichte.

Unterbleibt die Streunutzung, so steigt der Wasser- und Nährstoffhaushalt und damit die Wuchsleistung der Fichte, damit aber auch die Möglichkeit, die Buche und Tanne als Mischholzart lebenskräftig aufzubringen.

Die Beispiele 5 und 6 zeigen, daß dort, wo die Streunutzung schon Jahrzehnte unterblieb, sich ein hochwertiger Fichtenwald mit guter Wuchsleistung aufbauen konnte. Die Bodengüte ist im Gegensatz zu den ersten Aufnahmen schon so gut, daß wir einen Buchen-Tannen-Fichten-Mischwald aufbringen können.

Fichtenwald, im bodensauren Grünerlenwald hochgekommen.

Einen Fichtenwald, im bodensauren Grünerlenwald hochgekommen, untersuchte ich im Langalpental des Kärntner Nockgebietes ober Radenthein und fand auf einem 35° geneigten Nordwest-Hang in 1620 m Seehöhe ober Isolahütte folgenden floristischen Aufbau:

B a u m s c h i c h t :

Picea excelsa	4.3	*Larix decidua*	1.1

S t r a u c h s c h i c h t :

Picea excelsa	+	*Sorbus aucuparia*	+
Alnus viridis	+.2	*Juniperus nana*	+

N i e d e r w u c h s :

F i c h t e n w a l d a r t e n :

Homogyne alpina	1.1	*Melampyrum silvaticum*	+
Luzula flavescens	+	*Pirola uniflora*	+
Listera cordata	+	*Picea excelsa*	+

B o d e n s a u r e A r t e n :

Vaccinium Myrtillus	5.5	*Pirola secunda*	+
Deschampsia flexuosa	3.2°	*Veronica officinalis*	+
Vaccinium Vitis-idaea	2.2	*Potentilla aurea*	+
Oxalis Acetosella	1.1	*Luzula pilosa*	+
Rhododendron ferrugineum	+.3	*Arnica montana*	+
Luzula albida	+	*Anthoxanthum odoratum*	+

Schematische Darstellung: Fichtenwald kommt am schattigen-schneereichen Hang in den Grünerlen-Buschwäldern hoch (Alnetum viridis superirrigatum ↗ Piceetum).

Farne:

Lastrea Dryopteris (= Dryopteris disjuncta = Dryopteris Linnaeana)	+.2	*Lastrea Phegopteris (= Dryopteris Phegopteris)*	+
Dryopteris Filix-mas	+	*Asplenium viride*	+

Anspruchsvolle Laubwaldarten:

Hieracium silvaticum	1.1	*Mycelis muralis*	+
Veronica Chamaedrys	+	*Paris quadrifolia*	+

Begleiter:

Alnus viridis	+

Grünerlenbuschwald setzt sich nach Abhieb des Fichtenwaldes wieder sekundär durch (ALNETUM viridis superirrigatum ↗ Piceetum ↘ ALNETUM viridis sec. ↗ Piceetum).

Moose:

Rhytidiadelphus triquetrus	3.3	*Pleurozium Schreberi*	1.3
Sphagnum acutifolium	2.3	*Polytrichum juniperinum*	1.1
Hylocomium splendens	1.3	*Dicranum scoparium*	+.2

Ich stelle diesen Wald zum heidelbeerreichen Fichtenwaldentwicklungstyp, der im bodensauren Grünerlen-Buschwald hochgekommen ist und zwar zur Lärchen-Mischwald-Ausbildung der unteren Nadelwaldstufe (Alnetum viridis acidiferens ↗ LARICETO-PICEETUM myrtillosum).

Der floristische Aufbau bringt eine Fülle von Arten, die für den Fichtenwald besonders kennzeichnend sind *(Homogyne alpina, Luzula flavescens, Listera cordata, Pirola uniflora, Melampyrum silvaticum)* und eine reichliche, für den Fichtenwald besonders bezeichnende Moosschicht.

Das Hervortreten der bodensauren Arten und Zurücktreten der bodenfeuchten Arten gibt uns den Hinweis, daß wir es mit einem bodentrockenen bodensauren Fichtenwald zu tun haben.

Während auf den Terrassen des Talgrundes vom Dössenertal ob Mallnitz in 1700 m Seehöhe die Fichte im Grauerlen-Auenwald hochkommt (ALNETUM incanae inundatum ↗ PICEETUM) kommt sie in höheren Lagen (im Vordergrund des Bildes) im Grünerlen-Unterhang-Buschwald hoch (ALNETUM viridis superirrigatum ↗ PICEETUM).

Durch vergleichende Untersuchungen läßt sich feststellen, daß die natürliche Vegetationsentwicklung folgend verlief:

Auf diesem überaus schneereichen, steilen Nordwesthang kommt in der Heidelbeer-Alpenrosen-Zwergstrauchheide die Grünerle hoch. Sie kann hier sehr leicht aufkommen, weil sie den sauren Boden, die schneereiche Lage und den Schneeschub gut ertragen kann. Bald gesellen sich Lärchen-Jungwüchse und in ihrem Schutze Fichten-Jungwüchse hinzu und kommen hoch.

Die Lärche vermag zwar den Schneeschub besser zu ertragen als die Fichte, wird aber früher oder später als Lichtholzart von der schattenfesteren Fichte eingeengt und zurückgedrängt. Mit zunehmendem Bestandesschluß wird die Bodengüte wesentlich gehoben und damit würde bei ungestörter Entwicklung der heidelbeerreiche Fichtenwald in einen hochstaudenreichen Fichtenwald übergeführt. Dazu kommt es aber nicht, weil dieser Wald immer wieder durchlichtet und plätzeweise sogar kahlgeschlagen wird, was auf diesem Steilhange eine Bodenaushagerung durch Abschlemmen der Feinerde nach sich zieht. Dem ist es zuzuschreiben, daß dieser steil geneigte Nordwesthang bis weit hinauf und hinunter einen mosaikartigen Aufbau besitzt, in dem Grünerlenbuschwald- und Fichtenwaldmosaik sich ablösen. Würde dieser mosaikartig aufgebaute Hangwald im Großkahlschlag niedergeschlagen werden, so würde die Schneeschubwirkung zunehmen und die alljährlich abgehenden Lawinen würden das Aufkommen des geschlossenen Fichtenwaldes unterbinden. Nur langsam würde in dem geschlossenen Grünerlenwald die Lärche und schließlich im Schutze des geschlossenen Lärchenwaldes wieder die Fichte aufkommen.

Im Sinne der Charakterartenlehre Braun-Blanquets haben wir es hier mit einem Einzelbestand des Piceetum subalpinum Br.-Bl. 1938 zu tun, der durch das herrschende Auftreten von *Vaccinium Myrtillus* und durch die Charakterarten:

Homogyne alpina
Luzula luzulina
Luzula luzulina (= L. flavescens)
Melampyrum silvaticum
Pirola uniflora

besonders gekennzeichnet ist.

Rhododendron ferrugineum und *Alnus viridis* sind als Relikte des Rhodoreto-Vaccinietum Br.-Bl. 1927, und zwar der Subassoziation „alnetosum viridis“ anzusehen.

Bodensaurer Fichtenwald, im Ebereschenwald hochgekommen.

Die Fichte kommt insbesondere auch im Ebereschenwald auf und vermag sich hier lebenskräftig durchzusetzen.

Einen solchen Fichtenwald studierte ich in schneereicher, sehr schattiger Lage im Lehrforst der steiermärkischen Waldbauernschule Schloß Pichl, insbesondere aber im südlichen Schwarzwald. In diesen Wäldern beherrscht die Fichte, mehr oder weniger lebenskräftig wachsend, die Baumschicht, den Ebereschenwald einengend. Im Niederwuchs herrscht die Heidelbeere, begleitet von Charakterarten des Fichtenwaldes und anderen bodensauren Arten. Anspruchsvollere Arten treten fast ganz zurück.

Wir finden diese Fichtenwälder nur in schneereichen Lagen der oberen Buchenstufe auf schon ursprünglich sauren Böden.

Die Vegetationsentwicklung verläuft schematisch dargestellt folgend:

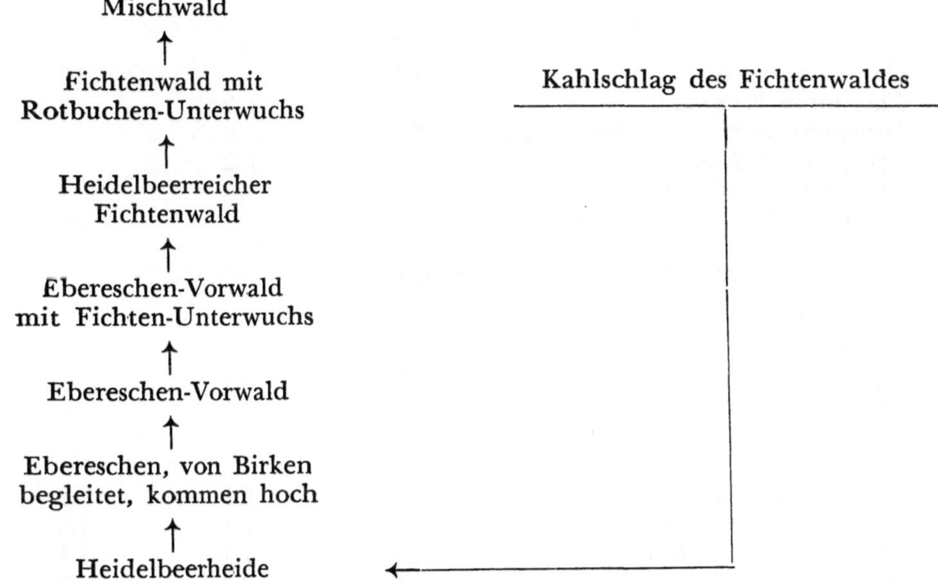

Beispiele:

Nummer der Aufnahme	1	2	3
	Piceetum myrtilletosum		
Baumschicht:			
Picea excelsa	5.5	5.5	
Sorbus aucuparia		1.1	
Strauchschicht:			
Picea excelsa	+	+	4.5
Sorbus aucuparia	+	+	+
Betula verrucosa			+
Niederwuchs:			
Fichtenwaldarten:			
Listera cordata	1.2	+.2	+.2
Melampyrum silvaticum	+.2	+	+
Blechnum Spicant	+.2	+.2	
Lycopodium annotinum		+.2	+.2

Nummer der Aufnahme	1	2	3
	Piceetum myrtilletosum		
Bodensaure Arten:			
Vaccinium Myrtillus	5.5	5.5	5.5
Oxalis Acetosella	1.2		2.2
Vaccinium Vitis-idaea	+	+.2	2.2
Dryopteris austriaca subsp. *dilatata*	2.1	+.2	
Lycopodium Selago		+.2	
Prenanthes purpurea		+	
Calamagrostis arundinacea			$+^0$
Anspruchsvolle Laubwaldarten:			
*Festuca altissima**)			
Begleiter:			
Sorbus aucuparia	+	+	
Dryopteris austriaca			$+^0$
Moose:			
Ptilium crista-castrensis	2.2	2.3	2.2
Rhytidiadelphus loreus	2.2	2.2	1.2
Plagiothecium undulatum	2.2	1.3	1.1
Hylocomium splendens	+.2	2.2	5.5
Sphagnum acutifolium	+.4	+.2	1.2
Polytrichum formosum	2.2	1.2	
Dicranum scoparium	+.2	1.3	
Bazzania trilobata	+.2	+.2	+.2
Pleurozium Schreberi		2.2	
Rhytidiadelphus triquetrus		+.2	
Plagiochila asplenioides		+	

Den Einzelbestand der Aufnahme Nr. 1 untersuchte ich auf mehr oder weniger felsiger Silikatbodenunterlage östlich des Schistadions gegenüber Hebelhof im Feldberggebiet des Schwarzwaldes.

Ich stelle diesen Wald zum heidelbeerreichen Fichtenwald, der im Ebereschenwald hochgekommen ist und sich früher oder später zum Rotbuchen-Tannen-Fichten-Mischwald weiter entwickeln würde (Sorbetum aucupariae acidiferens ↗ PICEETUM vacciniosum Myrtilli ↗ Abieteto-Fagetum).

Wir haben es hier mit einem natürlichen Fichtenwald zu tun, der in einem heidelbeerreichen Ebereschen-Vorwald aufgekommen ist und den von Haus aus trockenen sauren Boden besiedelt. Im Unterwuchs herrscht die Heidelbeere, begleitet von Charakterarten des Fichtenwaldes *(Listera cordata, Lycopodium annotinum, Melampyrum silvaticum, Blechnum Spicant, Ptilium crista-castrensis, Plagiothecium undulatum).*

Die Beziehung zum Ebereschenwald geht daraus hervor, daß der Fichtenwald in diesem aufgekommen ist und noch keine Beziehungen zu anspruchsvolleren Nadel- oder Laubwäldern, zum Tannen-, Buchen- oder Bergahorn-

*) *Festuca altissima* All. = *F. silvatica* (Poll.) Vill., non Huds.

wald hat. Er hat aber auch keine Beziehungen zum bodensauren Lärchen-, Zirben- oder Legföhrenwald, weil diese Holzarten aus florengeschichtlichen Gründen hier fehlen; aber auch keine zum Rotföhrenwald, da diesem das Klima zu kalt, die Vegetationszeit zu kurz ist. Die Engadin-Kiefer fehlt hier.

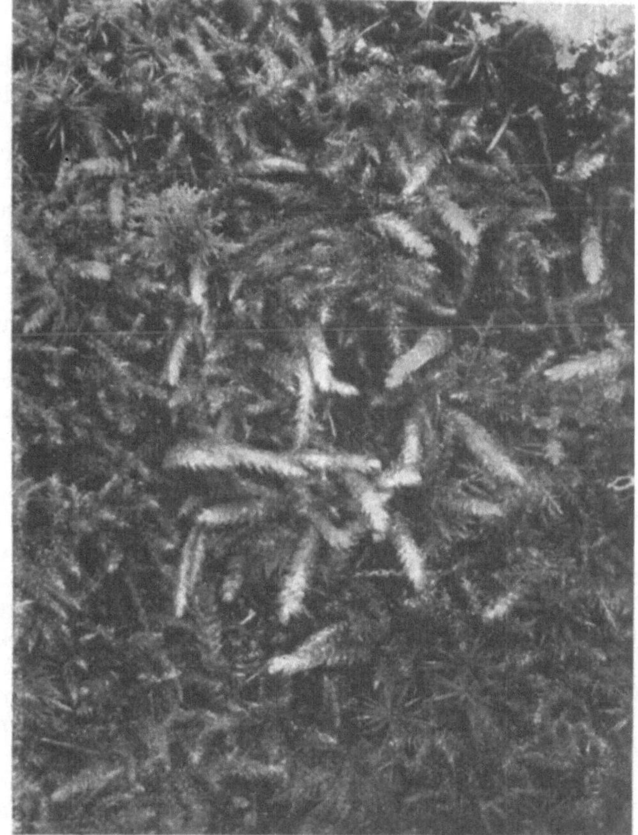

Plagiothecium undulatum, Hylocomium splendens, Polytrichum formosum besiedeln den Unterwuchs eines dichten voralpinen Fichtenwaldes.

Die Eberesche erträgt den mehr oder weniger trockenen, sauren Rohhumusboden und tritt schon in der Heidelbeerheide so hervor, daß ich daraus die Berechtigung gezogen habe, diesen Fichtenwald zum Ebereschen-Vorwald in Beziehung zu bringen.

Der Gang der Vegetationsentwicklung geht aus der schematischen Darstellung hervor.

Der Haushalt ist gekennzeichnet durch die Lage in der schneereichen, kühl-feuchten oberen Buchenstufe und durch den mehr oder weniger trockenen sauren Rohhumusboden.

Den Einzelbestand der Aufnahme Nr. 2 fand ich ebendort, 25 m höher.

Ich stelle ihn zum gleichen Waldentwicklungstyp.

Der Haushalt dieses Fichtenwaldes ist gekennzeichnet durch seine schneereiche, lange schneebedeckte Lage in der oberen Buchenstufe und durch den trockenen felsigen Boden mit saurer Auflagehumusschicht.

Die Vegetationsentwicklung verläuft auch hier wie im Schema dargestellt. Erst nach Aufbau einer genügend wasserhältigen und nährstoffreichen Humusschicht erfolgt die Weiterentwicklung zum Buchenwald.

Den Einzelbestand der Aufnahme Nr. 3 studierte ich im Zastlertal bei Freiburg im Breisgau im Schwarzwald, in 750 m Seehöhe.

Wir haben es hier mit einem natürlichen Fichtenwald zu tun, der sich über eine Heidelbeerheide entwickelt hat. Vereinzelte Fichten kommen zwar wenig lebenskräftig wachsend in der Baumschicht vor; Fichten beherrschen aber mehr oder weniger die Strauchschicht, begleitet von Ebereschen und Birken. Im Niederwuchs herrscht die Heidelbeere, begleitet von Arten, die für den Fichtenwald besonders charakteristisch sind, nämlich *Melampyrum silvaticum, Listera cordata, Lycopodium annotinum,* und in der Moosschicht ebenfalls Charakterarten des Fichtenwaldes, insbesondere *Rhytidiadelphus loreus, Ptilium crista-castrensis, Plagiothecium undulatum.*

Der Haushalt dieses Fichtenwaldes ist gekennzeichnet durch seine Lage im kühl-feuchten Klima der oberen Buchenstufe, durch den Silikat-Bergsturz-Grobblockboden und durch die besondere Kühle der bodennahen Schichten. Insbesondere aber durch den sehr ungünstigen Wasser- und Nährstoffhaushalt.

Die Vegetationsentwicklung verläuft auch hier wie im Schema dargestellt.

Hier ist der Fichtenwald eine Dauergesellschaft, die sich erst dann zum Buchenwald weiter entwickeln kann, wenn sich das jetzt noch bis in den Sommer hinein haltende Bodeneis nicht mehr bilden kann.

Wie kommt es zu diesem Bodeneis?

Dieser Grobblockboden wird von Rinnsalen durchrieselt. Diese frieren im Winter langsam zu und bilden eine dicke Eisdecke, die bis in den Frühsommer hinein liegen bleibt. Die Folge ist, daß der Boden sehr lange Zeit gefroren bleibt, lokal die bodennahe Luftschicht bis in den Sommer sehr kühl ist und beide Umstände die Vegetationszeit wesentlich verkürzen, also rein bodenbedingt geradezu voralpine Klimaverhältnisse geschaffen werden. Was nützt es, wenn die Luft in 1 m über dem Boden der oberen Buchenstufe entspricht, wenn das Bodenklima nahezu alpin-nival genannt werden kann. Am 26. Juni 1938 habe ich bei einer Lufttemperatur von 20° C im Bestandes- und Bergschatten 1 m über dem Boden gemessen folgende Bodentemperaturen in der Wurzelschicht festgestellt: unter Lebermoosen am Felsblockkluft-Ausgang 0,5°, unter *Ptilium crista-castrensis* 5°, 7°, 9°, *Sphagnum acutifolium* 7°, *Rhytidiadelphus loreus* 8,5°, *Vaccinium Myrtillus* 10,5°, *Luzula silvatica* 11°, *Plagiothecium undulatum* 7°, *Asperula odorata* 12,5°, *Vaccinium Vitis-idaea* 15,2°; bei 10,5° zeigte *Ptilium crista-castrensis* sich der Konkurrenz von *Hylocomium proliferum* nicht mehr gewachsen und wurde von ihm verdrängt.

Wir erkennen aus diesem Beispiel, daß es nicht nur auf das Luftklima in höheren Schichten, sondern vor allem auf das für die Kraut- und Moosschicht so wichtige Bodenklima und das Klima der bodennahen Schichten ankommt.

Es ist ja klar, daß sich hier eine solche subalpine Vegetation aufbauen konnte, denn von den vielen Hundert Samen können nur diejenigen keimen, heranwachsen, blühen und fruchten, die diese Verhältnisse ertragen können. Dies sind hier eben die oben aufgezeigten Pflanzen des subalpinen Fichtenwaldes und eine ganze Reihe von nordischen Lebermoosen, die von Th. Herzog und K. Müller hier festgestellt wurden.

Ebenso klar ist es, daß früher oder später die natürliche Vegetationsentwicklung doch zum Buchenwald führt, weil die Klüfte von Feinerde und Humus so zugewachsen werden, daß der Schnee und der Regen nicht mehr in die Klüfte eindringen kann, sich keine Rinnsale bilden, eine Eisbildung unterbleibt und daher das Bodenklima eine ganz wesentliche Verbesserung erfährt.

Die Erkenntnis, daß es im Schwarzwald da und dort solche natürliche Fichtenwälder gibt, bedingt durch die besonderen Bodenverhältnisse, ist darum wichtig, weil diese wenigen zerstreuten Vorkommen von natürlichen Fichtenwäldern Zufluchtsgebiete darstellen, wo der Fichtenwald vom Buchenwald bisher nicht verdrängt werden konnte. Von hier aus breitet er sich aber immer weiter aus, wenn der Mensch durch seine Eingriffe die Buchenwälder in ihrer Lebenskraft herabsetzt, Rohhumus schafft und die Ausbreitung von Fichtenwäldern sekundär dort ermöglicht, wo früher Buchenwälder gestanden sind und solche auch in klimatischer Beziehung hingehören.

Wirtschaftliche Folgerungen: Bei den im Beispiel 1 und 2 aufgezeigten Fichtenwäldern wirken sich Kleinkahlschläge auf die Bodenverbesserung in diesen kühlen, schattigen Höhenlagen dadurch günstig aus, daß sich der Boden erwärmen kann und das Bodenleben günstigere Lebensbedingungen erhält. Vor allem wird aber auch rein mechanisch durch die winterliche Schneelast die Heidelbeere niedergedrückt, von den Farnen zugedeckt, und verliert ihre Lebenskraft.

Durch die Windschatten verursacht, kommt in solchen Kleinkahlschlägen besonders viel Schnee zur Ablagerung. Er bleibt lange liegen und begünstigt durch Ausschaltung der Buche das konkurrenzlose Aufkommen des Bergahorns, der diese Klimaverhältnisse und besonders schneereiche Lagen gut ertragen kann.

Wir erkennen jedenfalls daraus, daß ein kalter Boden kaltes Klima ersetzen kann.

Eine Vegetationsentwicklung zum Buchenwald kann durch Wirtschaftsmaßnahmen nicht begünstigt werden, es sei denn, daß es gelingt, den Boden zu erwärmen. Solange der Boden so kalt bleibt, kann kein Bodenleben einziehen und den rohen Bestandesabfall in Mullboden überführen.

Im Sinne der Charakterartenlehre stelle ich die Einzelbestände dieser Fichtenwälder des Schwarzwaldes zum Mastigobryeto-Piceetum Br.-Bl. u. Sissingh 1939, welche Assoziation das alpenländische Piceetum subalpinum im Schwarzwald ersetzt.

Einige bodensaure Fichtenwälder, die im heidelbeerreichen Ebereschenwald hochgekommen sind, untersuchte ich in der oberen Buchenstufe des Feldberggebietes im südlichen Schwarzwald.

So sehr sich diese bodensauren Fichtenwälder in ihrer Entwicklung ganz berühren, so sehr müssen wir sie ökologisch trennen.

Der Fichtenwald Nr. 1 ist ein sekundärer Fichtenwald in windausgesetzter Lage und ist als Verwüstungsstadium des Rotbuchenwaldes anzusehen. Der Fichtenwald Nr. 2 ist ein primärer Fichtenwald, auf jungem Karboden wachsend, in Aufwärtsentwicklung begriffen und der Fichtenwald Nr. 3 ist wieder ein sekundärer Fichtenwald, also ebenfalls im Waldverwüstungsstadium des Rotbuchen-Mischwaldes, aber in schneereicher, windstiller Lage.

Beispiele:

Nummer der Aufnahme	1	2	3
Meereshöhe in Metern	1182	1345	1365
Himmelslage	N		N
Neigung in Graden	5	eben	10
Subassoziation		myrtilletosum	
Baumschicht: Bestockung	0,7	0,6	0,7
Picea excelsa	0,8	0,9	5.5
Fagus silvatica	0,1	0,1	
Abies alba	0,1		

Nummer der Aufnahme	1	2	3
Meereshöhe in Metern	1182	1345	1365
Himmelslage	N		N
Neigung in Graden	5	eben	10
Subassoziation		myrtilletosum	
Strauchschicht:			
Picea excelsa	1.2	+	
Fagus silvatica	1.2		1.2
Sorbus aucuparia	+	+	
Niederwuchs:			
Fichtenwaldarten:			
Melampyrum silvaticum	+	1.2	1.1
Listera cordata	2.2	2.3	
Blechnum Spicant		1.2	1.3
Picea excelsa		+	
Bodensaure Arten:			
Vaccinium Myrtillus	3.2	5.5	5.5
Deschampsia flexuosa	+.2⁰	+⁰	1.1
Luzula silvatica		+.3	2.2
Oxalis Acetosella		+	+
Solidago Virgaurea			+
Luzula albida			+
Leontodon helveticus (= „L. pyrenaicus")			+
Anspruchsvolle Laubwaldarten:			
Fagus silvatica	+		
Festuca altissima (= F. silvatica)	+.2⁰		
Hochstauden:			
Athyrium alpestre		1.2	+.2
Calamagrostis arundinacea		+.2	+
Rumex arifolius			1.1
Ranunculus aconitifolius			+
Polygonum Bistorta			+
Adenostyles Alliariae			+⁰
Farne:			
Lastrea Oreopteris		+.2	2.2
Dryopteris austriaca		+	+.2
Lastrea Dryopteris (= Dryopteris disjuncta)			1.2
Begleiter:			
Sorbus aucuparia		+	+
Galium hercynicum		1.1	
Senecio Fuchsii			+

Nummer der Aufnahme	1	2	3
Meereshöhe in Metern	1182	1345	1365
Himmelslage	N		N
Neigung in Graden	5	eben	10
Subassoziation		myrtilletosum	
Moose:			
Rhytidiadelphus loreus	2.2	3.3	5.5
Hylocomium splendens	3.3	+	+.2
Pleurozium Schreberi	2.2	2.3	+.2
Dicranum scoparium	2.2	1.3	1.2
Ptilium crista-castrensis	2.1	3.2	
Rhytidiadelphus triquetrus	1.2		1.2
Polytrichum formosum		2.2	1.2
Bazzania trilobata	+.3	+.3	
Plagiothecium undulatum		2.2	
Sphagnum acutifolium		1.3	

Dicranum scoparium im Unterwuchs eines geschlossenen Fichtenwaldes.

Den im Beispiel Nr. 1 aufgezeigten Fichtenwald untersuchte ich auf einem ebenen bis schwach Nord geneigten Felskopf am Wege vom Wilhelmertal zum Stübenwasen im Feldberggebiet.

Ich stelle ihn zum „Sorbetum aucupariae sec. ↗ PICEETUM myrtillosum ↗ Fagetum", also zu einem heidelbeerreichen Fichtenwald, der im heidelbeerreichen Ebereschenwald hochgekommen ist und ein Waldverwüstungsstadium des Buchenwaldes ist.

Man könnte dies auch folgend ausdrücken: Fagetum ↘ PICEETUM myrtillosum ↗ Fagetum. Ich habe obige Bezeichnung gewählt, um auszudrücken, daß ein sekundärer *Sorbus aucuparia*-Vorwald wieder die Vegetationsentwicklung einleitet.

Der Niederwuchs ist arm an Blütenpflanzen. Unter diesen wenigen sind *Listera cordata* und *Melampyrum silvaticum* für den Fichtenwald besonders charakteristisch.

In der Moosschicht kennzeichnet insbesondere das Helmbuschmoos den natürlichen Fichtenwald.

Die Beziehung zum Fichtenwald ist klar, denn wie aus vergleichenden Untersuchungen hervorgeht, führt die Vegetationsentwicklung hier vom Fichtenwald zum Buchenwald.

Schon tritt die Buche in Baum-, Strauch- und Krautschicht mehr oder weniger lebenskräftig auf, begleitet vom Waldschwingel, der als Vorläufer zu betrachten ist.

Die Vegetationsentwicklung zum Buchenwald geht hier besonders langsam, weil der Felskopf sehr windausgesetzt ist und daher der Boden trotz Lage am luftfeuchten Nordhang sehr ausgehagert ist. Die Streu wird vom Winde weggeweht und dadurch die Bodenbildung und Vegetationsentwicklung ebenso gestört wie bei der künstlichen Streunutzung. Dieser Windausgesetztheit ist es zuzuschreiben, daß der Buchenwald nicht schon lange wieder diesen Boden erobert hat.

Die Vegetationsentwicklung verläuft hier, schematisch dargestellt, folgend:

Buchen-Tannen-Fichten-Mischwald

↑

Heidelbeerreicher Fichtenwald
mit Buchen-Unterwuchs

↑

Heidelbeerreicher Fichtenwald

↑

Ebereschen-Vorwald mit Fichten-
Unterwuchs

↑

Sekundärer Heidelbeerreicher Ebereschen-Vorwald

Unser Fichtenwald stellt also ein Waldverwüstungsstadium des Buchen-Tannen-Fichten-Mischwaldes dar.

Der Haushalt dieses Fichtenwaldes ist gekennzeichnet durch seine windausgesetzte Lage am luftfeuchten, schattigen Hang der oberen Buchenstufe und durch den mehr oder weniger trockenen, mehr oder weniger nährstoffarmen Boden.

Besonders bezeichnend ist der mosaikartige Aufbau der Moosschicht. Dieser erklärt sich daraus, daß auf diesem Felskopf jede kleine Bodensenke günstigere Bodenverhältnisse zeigt als ihre Umgebung, weil das Wasser hineinsickert, Feinmaterial ablagert und dadurch die Vorbedingung zum Aufkommen anspruchsvollerer Arten schafft; wohl zuletzt aber, weil diese Bodensenkungen windgeschützter sind und die Laubstreu liegen bleibt. Hier kommen die jungen Buchen hoch und schützen wieder ihrerseits das Laub vor Verwehung.

Wirtschaftliche Folgerungen: Dieser Fichtenwald muß so pfleglich wie möglich bewirtschaftet werden. Er darf nur dann genutzt werden, wenn ein dichtes Bodenschutzholz den Boden vor der Aushagerung beschützt. Das heißt mit anderen Worten, daß Kahlschlag auf keinen Fall erfolgen darf. Geschieht dies dennoch, so wird nicht nur dem Fichtenwalde die Beziehung zum Buchenwald genommen, sondern er kann auch zur armseligen Heidelbeerheide degradiert werden.

Im Sinne der Charakterartenlehre stelle ich diesen Bestand zur *Picea excelsa-Luzula albida*-Assoziation Br.-Bl. u. Sissingh 1939, welche dem Unterverbande Abieto-Piceion Br.-Bl. 1939 angehört.

Die Berechtigung hiezu nehme ich aus der Tatsache, daß in diesem Einzelbestande besonders hervortreten:

Rhytidiadelphus loreus
Bazzania trilobata
Ptilium crista-castrensis
Listera cordata
Melampyrum silvaticum

begleitet von

Fagus silvatica
Abies alba
Festuca altissima.

Den Fichtenwald der Aufnahme Nr. 2 untersuchte ich im mehr oder weniger ebenen bis mäßig geneigten Herzogenhornkar im Feldberggebiet des Schwarzwaldes in 1345 m Seehöhe auf jungem Karboden.

Ich stelle diesen Wald zum helmbuschmoosreichen, heidelbeerreichen Fichtenwald mit Waldentwicklung zum Rotbuchen-Tannenwald.

Wir haben hier also einen Fichtenwald vor uns, der sich über einen heidelbeerreichen Ebereschenwald heraufentwickelt hat und sich nun zum Buchenwald weiterentwickelt.

Die Fichte beherrscht die Baumschicht und ist in der Strauch- und Krautschicht vertreten. Im Niederwuchs herrscht die Heidelbeere, begleitet von den Charakterarten des Fichtenwaldes *Listera cordata, Melampyrum silvaticum, Blechnum Spicant* und einer reichlichen Moosschicht, in der vor allem die für den Fichtenwald so charakteristischen Moose *Ptilium crista-castrensis* und *Plagiothecium undulatum* hervortreten. Wir haben einen natürlich aufgewachsenen Fichtenwald vor uns.

Die Beziehung zum Buchenwald geht daraus hervor, daß die Buche in der Baumschicht vertreten ist und mit ihr verschiedene Arten, welche an den Nährstoffgehalt des Bodens schon größere Ansprüche stellen, so z. B. *Luzula silvatica, Athyrium alpestre.*

Daneben gibt es hier, unserem Fichtenwald benachbart, unter sonst gleichen Umweltbedingungen viele Fichtenwälder, die die Entwicklungsrichtung zum Buchenwald noch viel mehr erkennen lassen.

Während der Fichtenwald Nr. 3 vom Herzogenhorn in 1365 m Seehöhe ein sekundärer Fichtenwald ist, vermute ich, daß unser Fichtenwald ein primärer Fichtenwald ist. Er besiedelt also nicht ehemaligen Buchenwaldboden, sondern ist erst in Aufwärtsentwicklung begriffen.

Der Haushalt dieses Fichtenwaldes ist gekennzeichnet durch seine Lage in einem kühlen, sehr luftfeuchten Kar der oberen Buchenstufe, durch sehr früh einsetzende und lange anhaltende Schneelagerung und durch die dadurch bedingte kurze Vegetationszeit.

Der Boden besitzt einen guten Wasserhaushalt, aber einen ungünstigen Nährstoffhaushalt.

Das Klima ist für die Buche hier so günstig, daß sie in Hinblick auf den Wasserhaushalt viel genügsamer ist als in Klimagebieten, die ihr weniger zusagen. So kommt sie sogar auf felsigen, trockenen Böden vor.

Dieser Fichtenwald des noch jungen Karbodens hat florengeschichtlich eine große Bedeutung. Wir haben es mit einem Fichtenwald zu tun, der unter natürlichen Vegetationsbedingungen aufgekommen ist und sich auch dann noch gehalten hat, als ringsherum die Buche die Fichtenwälder bereits zurückdrängte. Hier hat die Fichte geradezu eine Zufluchtstätte gefunden, von der sie noch nicht verdrängt werden konnte. Von diesem Refugium breitete sie sich aus, als der Mensch die benachbarten Buchenwälder niederschlug, die Böden beweidete und Rohhumus schuf.

W i r t s c h a f t l i c h e F o l g e r u n g e n: Wir haben wirtschaftlich kein Interesse, diesen natürlich erwachsenen Fichtenwald in einen Buchenwald überzuführen, denn gerade dieser Fichtenwald würde sich eignen, ein bodenständiges, für diese Höhenlage geeignetes Samenmaterial zu gewinnen.

Kahlschlag auf größerer Fläche müssen wir auf jeden Fall unterlassen, um die Bodengüte zu erhalten.

Im Sinne der Charakterartenlehre B r a u n - B l a n q u e t s stelle ich diesen Wald zum Piceetum subalpinum Br.-Bl. 1938, welche Assoziation durch das Hervortreten von *Vaccinium Myrtillus* und das Auftreten der Charakterarten *Melampyrum silvaticum, Listera cordata, Blechnum Spicant, Rhytidiadelphus loreus, Plagiothecium undulatum* gekennzeichnet ist.

Den Fichtenwald der Aufnahme Nr. 3 untersuchte ich am 10° geneigten Nordhang unter dem Herzoghorn in 1365 m Seehöhe auf Granitboden.

Ich stelle diesen Wald zum farnreichen, heidelbeerreichen Fichtenwald derselben Waldentwicklung.

Wir haben hier einen Fichtenwald vor uns, der sich über einen heidelbeerreichen Ebereschenwald heraufentwickelt hat und sich zum Buchenwald weiterentwickelt.

Ich vermute, daß es sich hier um einen sekundären Fichtenwald handelt, der ehemaligen Buchenwaldboden besiedelt und der durch Kahlschlag, Weideraubwirtschaft und Bodenaushagerung wieder zum Fichtenwald degradiert wurde.

Für unsere Betrachtung ist dies aber belanglos, denn wesentlich ist die Tatsache, daß der heidelbeerreiche Fichtenwald mit seinem ungünstigen Wasser- und Nährstoffhaushalt sich durch Bodenverbesserung zu einem Fichtenwald entwickelt, der auch der anspruchsvolleren Buche Lebensbedingungen zu bieten vermag.

Die Fichte ist jedenfalls natürlich aufgekommen, begleitet von *Melampyrum silvaticum* und *Blechnum Spicant.*

Die Beziehung zum Buchenwald geht daraus hervor, daß die Buche bereits lebenskräftig in der Strauchschicht aufkommt, begleitet von *Ranunculus aconitifolius, Polygonum Bistorta, Viola silvestris, Rumex arifolius, Athyrium alpestre, Lastrea (Dryopteris) Oreopteris, Senecio Fuchsii* und anderen Arten, die an die Bodengüte ebenfalls schon größere Ansprüche stellen.

Der Haushalt dieses Fichtenwaldes unterscheidet sich vom Haushalt des Fichtenwaldes der Aufnahme Nr. 1 gleicher Beziehung ober dem Wilhelmertal dadurch, daß der Boden dieses Fichtenwaldes sehr bald zuschneit und sehr lange schneebedeckt ist, während der Boden des Fichtenwaldes im Wilhelmertal infolge seiner Windausgesetztheit viel später zuschneit und früher ausapert.

Diesem Schneereichtum ist es zuzuschreiben, daß die Hochstauden und Farne *Lastrea (Dryopteris) Oreopteris, Rumex arifolius, Adenostyles Alliariae, Athyrium alpestre, Senecio Fuchsii, Ranunculus aconitifolius, Polygonum Bistorta* auftreten, während diese im Fichtenwald des Beispieles Nr. 1 fehlen.

Diesem Schneereichtum ist es auch zuzuschreiben, daß sich die Heidelbeere nach Kahlschlag hält und in ihrem floristischen Aufbau so viele Hochstauden enthält.

Dieser Fichtenwald befindet sich im luftfeuchten Klima der oberen Buchenstufe. Der Wald hätte sich schon lange zum Buchenwald entwickelt, wenn nicht Kahlschlag und Weidenutzung diesen von Haus aus armen Granitboden verarmen würden.

W i r t s c h a f t l i c h e   F o l g e r u n g e n: Durch diese extensive Weidewirtschaft wird die Bodengüte des Waldes und des Grünlandes so vermindert, daß die Weideerträge ebenso wie die Walderträge dadurch herabgesetzt werden.

Unser Ziel muß sein, durch richtige Ordnung von Weide und Wald den Weideertrag ebenso zu heben, wie die Zuwachsleistung des Waldes.

Jeder Großkahlschlag muß auf jeden Fall vermieden werden.

Durch die pfleglichere Waldwirtschaft wird in den Boden eine reichliche Tier- und Pflanzenwelt einziehen können, welche den rohen Humus völlig aufschließt, dem Boden einen besseren Wasser- und Nährstoffhaushalt bietet und damit die Zuwachsleistung des Waldes steigert.

Im Sinne der Charakterartenlehre gehört dieser Fichtenwald infolge des hohen Anteiles montaner Arten zweifellos zum Unterverbande Abieto-Piceion Br.-Bl. 1939.

Innerhalb dieses Unterverbandes gehört dieser Fichtenwald zu der von mir beschriebenen *Adenostyles Alliariae*-Subassoziation der *P i c e a   e x c e l s a - L u z u l a   s i l v a t i c a*-A s s o z i a t i o n   A i c h i n g e r Ass. nova.

Diese Assoziation ersetzt in schneereichen, höheren Lagen die *Picea excelsa-Luzula albida*-Assoziation Br.-Bl. 1939.

Auch für diese Assoziation ist bezeichnend das reichliche Vorkommen von *Rhytidiadelphus loreus.*

Hingegen tritt an Stelle von *Luzula albida* hier *Luzula silvatica* stark hervor.

Ich nehme an, daß hier Buche und Tanne, insbesondere der Bergahorn einen größeren Anteil gehabt haben.

Bodensaurer Fichtenwald, im Ebereschen-Vorwald hochgekommen, sich zum Fichten-Bergahorn-Mischwald entwickelnd.

Floristischer Aufbau: Neben der meist lebenskräftig herrschenden Fichte können Bergahorn-Bäume in der Baum- oder Strauchschicht ebenfalls lebenskräftig aufkommen. Die Buche dagegen zeigt, wenn sie da und dort aufkommen kann, sehr geringe Lebenskraft und ist nicht in der Lage, in die Baumschicht zu wachsen. Im Niederwuchs finden sich neben den bodensauren Arten auch anspruchsvolle Laubwaldarten, Hochstauden und Farne, die luftfeuchte Verhältnisse und lange Schneelagerung erkennen lassen.

Haushalt: Die Haushaltsverhältnisse sind, im großen gesehen, so gut geworden, daß neben der Fichte auch der Bergahorn schon lebenskräftig aufkommen kann. Sie sagen aber der Buche nicht ganz zu. Örtlich können diese Wälder durch besonders hohe Schneelage oder besonders große Luftfeuchtigkeit ausgezeichnet sein. Wir finden diese Wälder meist außerhalb des optimalen Verbreitungsgebietes der Buche, wo aber der Bergahorn noch lebenskräftig aufkommen kann. Dies kann in der oberen Buchenstufe in schneereichen Lagen oder im untersten Teil der unteren Fichtenstufe der Fall sein.

Beispiele:

Nummer der Aufnahme	1	2
Meereshöhe in Metern	1225	1295
Himmelslage	N	N
Neigung in Graden	10	10
Baumschicht:		
Picea excelsa, Bestockung	0,7	0,8
Acer Pseudoplatanus, Bestockung	0,3	0,2
Sorbus aucuparia, Bestockung	+	0,2
Strauchschicht:		
Picea excelsa	1.1	
Fagus silvatica	1.1°	
Acer Pseudoplatanus		1.2
Niederwuchs:		
Fichtenwaldarten:		
Blechnum Spicant	2.2	1.2
Listera cordata	2.2	+.2
Melampyrum silvaticum		+
Genügsame Arten:		
Vaccinium Myrtillus	3.3	4.3
Luzula silvatica	3.2	1.2
Oxalis Acetosella	1.2	1.2
Prenanthes purpurea	+	+
Solidago Virgaurea	+	+
Deschampsia flexuosa		+.2°
Luzula pilosa		+
Poa Chaixii		+

Nummer der Aufnahme	1	2
Meereshöhe in Metern	1225	1295
Himmelslage	N	N
Neigung in Graden	10	10
Anspruchsvolle Laubwaldarten:		
Anemone nemorosa		+
Acer Pseudoplatanus		+
Phyteuma spicatum		+
Ranunculus lanuginosus		+
Carex silvatica		$+^0$
Hochstauden:		
Athyrium alpestre	1.2	2.2
Adenostyles Alliariae	$+^0$	2.1
Cicerbita alpina	+	+
Senecio nemorensis	+	
Senecio Fuchsii		+
Rumex arifolius		+
Ranunculus aconitifolius		+
Streptopus amplexifolius		+
Farne:		
Dryopteris austriaca	3.3	1.2
Lastrea Dryopteris (= *Dryopteris disjuncta*)	+	+
Lastrea Oreopteris	1.2	
Lastrea Phegopteris		+.2
Begleiter:		
Deschampsia caespitosa		+
Sorbus aucuparia		+
Moose:		
Rhytidiadelphus loreus	2.3	5.5
Ptilium crista-castrensis	2.3	1.1
Polytrichum formosum	2.3	+.2
Sphagnum acutifolium	1.3	
Plagiothecium undulatum	1.2	
Dicranum scoparium		1.3
Rhytidiadelphus triquetrus		1.2
Plagiochila asplenioides		+

Den lichten Fichtenwald der Aufnahme Nr. 1 untersuchte ich am 10° geneigten Nordhang im Feldberggebiete des Schwarzwaldes östlich Schistadion gegenüber Hebelhof in 1225 m Seehöhe auf Granitblockboden.

Ich stelle diesen Wald zum „Sorbetum aucupariae ↗ Acereto-PICEETUM filicosum acidiferens ↗ Aceretum Pseudoplatani", also zu einem farnreichen, bodensauren Bergahorn-Fichten-Mischwald, der im Ebereschen-Vorwald aufgekommen ist und einen Übergang zum hochstaudenreichen Bergahorn-Wald darstellt.

Das Hervortreten der Heidelbeere im Unterwuchs, begleitet von Charakterarten des Fichtenwaldes, nämlich *Blechnum spicant* und *Listera cordata,* und einer für den Fichtenwald charakteristischen Moosschicht, in der vor allem *Ptilium crista-castrensis, Plagiothecium undulatum, Rhytidiadelphus loreus* vertreten sind, spricht dafür, daß wir es mit einem natürlichen Fichtenwald zu tun haben, der sich zum hochstaudenreichen Bergahornwald im Sinne folgender schematischen Darstellung entwickelt.

Diese Vegetationsentwicklung verläuft gleichlaufend mit der Bodenbildung, mit der Überführung des Rohhumusbodens in Mullboden.

Hochstaudenreicher Bergahornwald

↑

Hochstaudenreicher Fichten-Bergahorn-Mischwald

↑

Heidelbeerreicher Fichten-Bergahorn-Mischwald

↑

Heidelbeerreicher Fichtenwald mit Bergahorn-Unterwuchs

↑

Heidelbeerreicher Ebereschenwald mit Fichten-Unterwuchs

↑

Heidelbeerreicher Ebereschenwald

Der Gang dieser Vegetationsentwicklung ist im sehr kühlen, feuchten Klima der oberen Buchenstufe am schneereichen Nordhang verständlich.

Der Granitboden wird, wie auch heute noch in jungen Bergsturzgebieten dieser Gegenden zu sehen ist, im Zuge der Vegetationsentwicklung von der Heidelbeerheide besiedelt. In dieser kommt die Eberesche und unter deren Schutz die Fichte hoch und sie überschirmen früher oder später den Boden.

Lange hält sich der heidelbeerreiche Fichtenwald, aber früher oder später wird der Rohhumus vom Bodenleben abgebaut und der Bergahorn kann in dem nunmehr mulliger gewordenen, nährstoffreicheren Boden aufkommen.

Früher oder später, wenn der Boden sehr gut geworden ist, setzt sich an klimatisch begünstigten Örtlichkeiten die Buche durch, welche an die Bodengüte größere Ansprüche stellt als der Bergahorn.

Wird der Boden nährstoffreicher, so treten die Farne mehr oder weniger zurück und die Hochstauden dafür hervor. Dem geringen Nährstoffhaushalt des Bodens ist es auch zuzuschreiben, daß hier die Moose nährstoffarmer Böden, wie *Ptilium crista-castrensis, Plagiothecium undulatum, Polytrichum formosum, Sphagnum acutifolium* so stark hervortreten, daß dafür aber anspruchsvollere Hochstauden und Kräuter zurücktreten.

Der Haushalt unseres Fichtenwaldes ist also gekennzeichnet durch seine Lage in der sehr kühlen, luftfeuchten, schneereichen oberen Buchenstufe und durch den mehr oder weniger nährstoffarmen Rohhumusboden.

Wirtschaftliche Folgerungen: Dieser Fichtenwald sollte aus Gründen der Mischwuchspflege und Bodenverbesserung eine Bergahornmischung beibehalten. Die Buche stellt an den Nährstoffhaushalt schon größere

Ansprüche und kann noch nicht lebenskräftig aufgebracht werden. Wohl aber könnte die Tanne als Mischholzart eingebracht werden.

Die Holznutzung kann ohneweiteres in Klein-Kahlschlagwirtschaft erfolgen, da Schneeschub nicht zu fürchten ist und der grobkiesige blockige Boden dadurch seine Güte nicht verlieren kann.

Rippenfarn *(Blechnum Spicant)* kennzeichnet in schneereicher Lage Fichten-Standorte.

Den im Beispiel Nr. 2 aufgezeigten Fichtenwald untersuchte ich am 10° geneigten Nordhang unter dem Stubenwasenrücken in 1295 m Seehöhe im Feldberggebiete des Schwarzwaldes.

Ich stelle diesen Wald zum „Sorbetum aucupariae ↗ Acereto-PICEETUM myrtillosum ↗ Aceretum Pseudoplatani", also zu einem heidelbeerreichen Bergahorn-Fichten-Mischwald, der im Ebereschen-Vorwald aufgekommen ist und einen Übergang zum hochstaudenreichen Bergahornwald darstellt.

Auch hier haben wir einen Fichtenwald vor uns, der Beziehungen zum Bergahornwald besitzt. Für diesen Wald gilt mehr oder weniger dasselbe wie beim vorigen Fichten-Bergahorn-Mischwald, insbesondere im Hinblick auf den Gang der Vegetationsentwicklung und auf wirtschaftliche Folgerungen.

Auch hier sind neben dem herrschenden Auftreten der Fichte in der Baumschicht im Niederwuchs Charakterarten des Fichtenwaldes vertreten.

Aber dieser Wald stellt schon ein in Richtung zum Laubwald vorgeschritteneres Entwicklungsstadium dar, was aus dem Auftreten der vielen Hochstauden und Kräuter zu ersehen ist.

Daher könnte hier mit Aussicht auf Erfolg schon der Bergahorn als Mischholzart eingebracht werden.

Auch diese beiden Fichtenwaldbestände gehören im Sinne der Charakterartenlehre in die von mir gefaßte *Adenostyles Alliariae*-Subassoziation der *Picea excelsa-Luzula silvatica*-Assoziation.

Flatterhirse und Farn-reicher Ebereschen-Bergahorn-Mischwald.

Die Charakterarten:

Blechnum Spicant
Listera cordata
Melampyrum silvaticum
Rhytidiadelphus loreus
Ptilium crista-castrensis
Plagiothecium undulatum

geben uns den Hinweis, daß wir es mit einem Piceetum zu tun haben.

Differenzialarten der *Adenostyles Alliariae*-Subassoziation sind:

Athyrium alpestre	*Rumex arifolius*
Adenostyles Alliariae	*Ranunculus aconitifolius*
Cicerbita alpina	*Streptopus amplexifolius*
Senecio nemorensis	

Die Assoziation ersetzt in höheren schneereichen Lagen die *Picea excelsa-Luzula albida*-Assoziation Br.-Bl. 1939.

Bodensaurer Fichtenwald, im Ebereschen-Vorwald hochgekommen, sich zum Fichten-Bergahorn-Rotbuchenwald entwickelnd.

Einen sekundären Fichtenwald untersuchte ich auf einem sehr schneereichen 30° Nordhang am Belchen im südlichen Schwarzwald in 1300 m Seehöhe und fand folgenden floristischen Aufbau:

Baumschicht:		Bestockung	0,7
Picea excelsa, Bestockung	0,6	*Sorbus aucuparia*	0,3
Strauchschicht:			
Picea excelsa	1.1	*Sorbus aucuparia*	3.3
Fagus silvatica	+	*Sorbus Aria*	+
Acer Pseudoplatanus	+	*Lonicera nigra*	+
Fichtenwaldpflanzen:			
Melampyrum silvaticum	+	*Listera cordata*	+
Blechnum Spicant	+.2		
Bodensaure Arten:			
Vaccinium Myrtillus	5.5	*Vaccinium Vitis-idaea*	1.1
Luzula silvatica	2.2	*Deschampsia flexuosa*	+.2°
Meum athamanticum	1.1	*Solidago Virgaurea*	+
Prenanthes purpurea	1.1		
Anspruchsvolle Laubwaldarten:			
Phyteuma spicatum	+	*Geranium silvaticum*	+
Ranunculus lanuginosus	+		
Voralpine Hochstauden:			
Adenostyles Alliariae	2.2	*Rumex arifolius*	1.1
Cicerbita alpina	1.1	*Digitalis grandiflora*	+
Ranunculus aconitifolius	1.1	*Polygonatum verticillatum*	+
Montane Hochstauden:			
Senecio Fuchsii	1.1		

F a r n e :

Dryopteris spinulosa	1.2	*Athyrium Filix-femina*	1.2
Lastrea Oreopteris (=*Dryopteris Oreopteris*)	1.2		

B e g l e i t e r :

Galium hercynicum	1.1	*Rubus idaeus*	+

M o o s s c h i c h t :

Rhytidiadelphus loreus	3.3	*Hylocomium splendens*	1.2
Pleurozium Schreberi	2.3	*Plagiothecium undulatum*	1.1
Dicranum scoparium	1.3	*Polytrichum formosum*	1.1
Rhytidiadelphus triquetrus	1.3		

Ich stelle diesen Fichtenwald zum Sorbetum aucupariae sec. ↗ PICEETUM adenostyletosum Alliariae myrtillosum ↗ Acereto-Fagetum, also zum heidelbeerreichen Fichtenwald, der im heidelbeerreichen Ebereschenwald aufgekommen ist, sich ehemals zum hochstaudenreichen Bergahorn-Buchen-Mischwald weiter entwickelte und von diesem durch waldverwüstende Eingriffe, wie insbesondere Kahlschlag, zum heidelbeerreichen sekundären Fichtenwald herabgewirtschaftet wurde.

Die Herabwirtschaftung der Bodengüte ist auf solchen Steilhängen durch Kahlschlag sehr leicht; denn die Feinerde eines solchen hochstaudenreichen Laubmischwaldes liegt, durch das Bodenleben in die kleinsten Teile aufgearbeitet, sehr locker auf und wird durch jeden Regenfall natürlich viel leichter weggewaschen als der durch Pilzfäden dicht zusammengepackte Rohhumusboden.

Die schneereiche, luftfeuchte Lage ermöglicht das Aufkommen verschiedener Hochstauden, wie insbesondere von *Adenostyles Alliariae, Cicerbita alpina, Rumex arifolius, Ranunculus lanuginosus* und von Farnen.

Auch dieser Fichtenwald gehört im Sinne der Charakterartenlehre in die von mir gefaßte *Adenostyles Alliariae*-Subassoziation der *Picea excelsa-Luzula silvatica*-Assoziation.

Die Charakterarten:

Listera cordata
Melampyrum silvaticum
Blechnum Spicant

geben uns den Hinweis, daß wir es mit einem Piceetum zu tun haben.

Differenzialarten der *Adenostyles Alliariae*-Subassoziation sind:

Adenostyles Alliariae
Rumex arifolius
Ranunculus aconitifolius
Cicerbita alpina
Polygonatum verticillatum.

Diese Assoziation ersetzt in höheren, schneereichen Lagen die *Picea excelsa-Luzula albida*-Assoziation.

b) Die bodenfeuchten Fichtenwälder.

III. Gruppe der Fichtenwälder feuchter, nährstoffreicher Böden.

Diese finden sich also:

a) im Gelände der Auenwälder (Piceetum inundatum);
b) im Gelände verlandeter Seen und Teiche (Piceetum paludosum);
c) auf wasserzügigen Unterhängen, die vom Oberhang zusätzlich Wasser und Feinerde zugeführt erhalten (Piceetum superirrigatum).

Alle Fichtenwälder dieser Gruppe stehen in Beziehung zu Erlenwäldern, die zur Bodendurchlüftung wesentlich beigetragen und damit das Aufkommen des Fichtenwaldes ermöglicht haben. Unter dem Erlenwald ist der Fichtenwald ehemals aufgekommen und der Erlenwald würde sekundär immer wieder aufkommen, sobald der Fichtenwald niedergeschlagen wird, wenn das Aufkommen der Erlen nicht unterbunden wird. Die Fichtenwälder dieser Gruppe zeigen bestes Wachstum und können in kürzerer Umtriebszeit bewirtschaftet werden.

Es folgt eine schematische Darstellung, aus der zu ersehen ist, wie verschiedene Erlenwälder hinauf zum Fichtenwald führen und wie die Vegetationsentwicklung weiter zum Tannen-, Buchen- oder Bergahornwald führen kann:

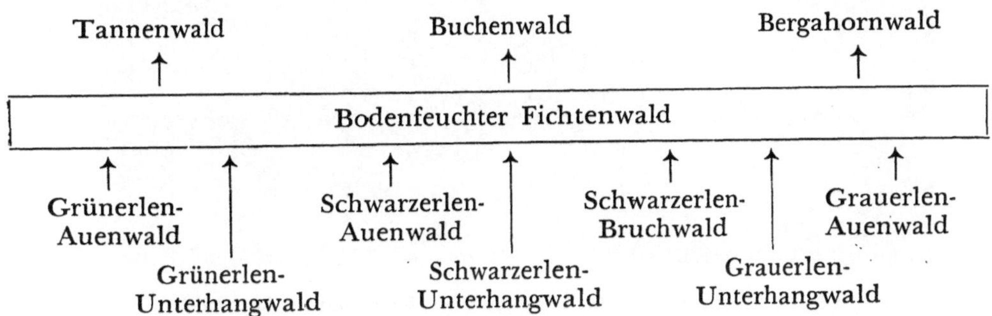

Einen Fichtenwald dieser Gruppe untersuchte ich ober Spittal a. d. Drau in Kärnten. Dieser Wald war vollkommen umgeben von einem Grauerlen-Auenwald und überall dort, wo der dunkle Fichtenwald lockerer stand, unterbrachen hochwüchsige Grauerlen das geschlossene Grün des Fichtenwaldes. Im Innern dieses überaus wuchsfreudigen Waldes konnte man noch einen Einblick in den Endkampf von Grauerle und Fichte gewinnen; denn die lichtbedürftigen Grauerlen waren da und dort, wenig lebenskräftig, von den hochwüchsigen Fichten eingeengt und zurückgedrängt, begleitet von vielen völlig unterdrückten Sträuchern, die im Grauerlen-Auenwald einen geschlossenen lebenskräftigen Unterwuchs bilden, aber unter den dunklen Kronen des Fichtenwaldes ihre Lichtbedürfnisse nicht befriedigen können. Nur die Waldrebe *(Clematis Vitalba)* und der Wilde Hopfen *(Humulus Lupulus)* rankten sich an den Stämmen dem Licht entgegen und zeigten bessere Lebenskraft.

Im Unterwuchs, der durch den Weidegang — der nicht ganz an die Stämme herankommt — mosaikartig aufgebaut war, traten in den Bodenvertiefungen die für den Grauerlen-Auenwald so bezeichnenden Pflanzen hervor, während auf den erhöhten Bodenstellen, insbesondere um die Stämme herum, wo das

Weidevieh den Boden nicht niedertreten konnte, Arten auftraten, die wir aus dem anspruchsvollen Laubmischwald gut kennen und von denen wir wissen, daß sie an die Bodenfrische und Bodendurchlüftung große Ansprüche stellen. Es sind dies: der Sauerklee *(Oxalis Acetosella)*, die Einbeere *(Paris quadrifolia)*, das Leberblümchen *(Hepatica nobilis)*, verschiedene Windröschen *(Anemone nemorosa, A. trifolia, A. ranunculoides)*, die Waldzwenke *(Brachypodium silvaticum)*, das Schattenblümchen *(Majanthemum bifolium)*, das Lungenkraut *(Pulmonaria officinalis)*, die Haselwurz *(Asarum europaeum)*, der Straußfarn

Humulus Lupulus zeigt am Unterhang und im Auenwald gute Wasserführung an.

(Struthiopteris Filicastrum) und viele andere. In der Moosschicht herrschte in den Vertiefungen das Wellenblättrige Sternmoos *(Mnium undulatum)* und auf den erhöhten Bodenstellen, die besser durchlüftet waren, das Kranzmoos *(Rhytidiadelphus triquetrus)*.

Wir haben hier vor uns einen „Fichtenwald, der in Beziehung zum Grauerlen-Auwald" steht (Alnetum incanae inundatum ↗ PICEETUM excelsae). Aus vegetations- und bodenkundlichen Untersuchungen wissen wir, daß im Grauerlen-Auenwald im Verbreitungsgebiet der Fichte diese erst dann aufzukommen und sich durchzusetzen vermag, wenn durch Eintiefung des Flußbettes das Grundwasser sich gesenkt hat und Hochwässer den Oberboden nicht mehr alljährlich verschlämmen können. Dies insbesondere darum, weil die Fichte neben hinreichendem Wasserhaushalt auch an die Durchlüftung des Oberbodens als flachwurzelnde Holzart große Ansprüche stellt. So kommt die Fichte im Grauerlen-Auenwald der Drau in Kärnten immer wieder zugleich mit Arten auf, die an die Bodenfrische und Bodendurchlüftung ähnliche Ansprüche stellen.

Von den Fichtenwäldern, die in Beziehung zum Grauerlen-Auenwald stehen, müssen wir jene Fichtenwälder trennen, die in Beziehung zum Grauerlen-Unterhangwald stehen. Sie unterscheiden sich aber von denen im Auenwald dadurch, daß sie sich im Buchenklima weiter zum Buchenwald entwickeln können, wenn es der Bodenzustand erlaubt (Alnetum incanae superirrigatum ↗ PICEETUM excelsae ↗ Fagetum silvaticae). Die Weiterentwicklung zum Buchenwald ist in diesen Unterhang-Wäldern möglich, weil das Grundwasser nicht so hoch ansteht und der Boden infolge des durchsickernden Wassers auch in tieferen Bodenschichten hinreichend durchlüftet ist. Dazu kommt, daß der Unterhang vom Oberhang Wasser und Feinerde zugeführt erhält. Im Auenwaldgelände erfolgt auch im Buchenklimagebiet nicht die Vegetationsentwicklung zum Buchenwald, weil die Buche den hohen Grundwasserstand nicht ertragen kann.

Wir dürfen aber ja nicht glauben, daß wir immer in den Grauerlen-Auenwald die Fichte einbringen können, wenn im Unterwuchs die oben erwähnten Arten aufkommen und damit den Hinweis liefern, daß der Oberboden frisch und durchlüftet ist. Im warmen Klimagebiet, außerhalb des Verbreitungsgebietes der Fichte, führt die Vegetationsentwicklung im Verbreitungsgebiet der Hainbuche vom Grauerlen-Auenwald zum Eichen-Hainbuchenwald (in dem Stieleiche beste Lebensbedingungen findet), wenn der Oberboden weniger überschwemmt wird und hinreichende Bodendurchlüftung besitzt (ALNETUM incanae inundatum ↗ Quercetum Roboris ↗ Carpinetum). Diese Grauerlen-Auenwälder sind in ihrem floristischen Aufbau dadurch zu erkennen, daß eine Reihe wärmeliebender Arten im Unterwuchs auftritt. Pflanzt der Forstmann dennoch an Stelle dieser Auenwälder die Fichte, so ist diese vor allem durch den Kahlfraß der Kleinen Fichtenblattwespe (*Nematus abietinus* Chr.) sehr gefährdet.

Damit erfassen wir diese Fichtenwälder floristisch auf Grund von Arten, die für den bodenfeuchten Fichtenwald besonders bezeichnend sind, aber auch auf Grund der Tatsache, daß die wärmeliebenden Charakterpflanzen des Eichen-Hainbuchenwaldes fehlen.

Die Grauerlen-Fichtenwälder im allgemeinen.

Die Grauerlen-Fichtenwälder treffen wir längs der Alpenflüsse, auf bodenfeuchten Schuttkegeln und Hängen von den Talböden bis über 1800 m, also dort, wo in klimatischer und bodenkundlicher Hinsicht Grauerle und Fichte Lebensbedingungen finden.

Die Grauerle stellt an die Bodendurchlüftung viel größere Ansprüche als die Schwarzerle und bevorzugt daher Böden, in denen das Wasser nicht stagniert und die daher bessere Durchlüftung besitzen. Sie meidet daher Bruchwaldböden mit stagnierendem Wasser und bevorzugt kalkreiche Böden und Böden im Oberlauf unserer Flüsse und Bäche, wo das Wasser rascher fließt. In klimatischer Hinsicht sagen ihr die Klimagebiete der Laubwaldstufe besonders zu. Sie steigt aber an besonders begünstigten Örtlichkeiten bis über 1800 m Seehöhe.

Der Fichte sagen die sonnigen, warmen Talböden der unteren Laubwaldstufe nicht zu, wohl aber die kühl feuchten Klimagebiete der unteren Nadelwaldstufe bis über 2200 m Seehöhe.

Wir ersehen daraus, daß der Grauerlen-Fichtenwald in den warmen tiefliegenden Tälern keine günstigen Lebensbedingungen findet, weil der Fichte das warme Klima nicht zusagt, wir ersehen aber auch daraus, daß der Grauerlen-Fichtenwald nur bis etwa 1800 m hinaufreicht, weil die Grauerle nicht höher hinaufsteigt bzw. von der Grünerle abgelöst wird.

Da also gegen oben zu die Grauerlen-Fichtenwälder langsam in die Grünerlen-Fichtenwälder übergehen und in tieferen Lagen, wo das Wasser zu stehen beginnt, in die Schwarzerlen-Fichtenwälder übergehen, ist die Trennung der Grauerlen-, Grünerlen- und Schwarzerlen-Fichtenwälder nicht immer leicht möglich. Es kommen auch Schwarz-Grauerlen- und Grau-Grünerlen-Fichten-Mischwälder vor.

Innerhalb der Grauerlen-Fichtenwälder müssen wir unterscheiden:

1. Fichtenwälder, die auf alluvialen Böden siedeln, die von Bächen oder Flüssen bei Hochwasser abgelagert wurden
   a) am Ausgang unserer Gebirgsgräben auf steinigen, groben bis gröbsten Geröllböden der mehr oder weniger geneigten Schuttkegel (Alnetum incanae inundatum saxosum ↗ PICEETUM);
   b) entlang unserer Bäche und Flüsse (Alnetum incanae inundatum ↗ PICEETUM);
2. Fichtenwälder der bodenfeuchten Unterhänge, die zusätzlich von den Oberhängen Wasser und Feinerde zugeführt erhalten (Alnetum incanae superirrigatum ↗ PICEETUM).

Alle diese Grauerlen-Fichtenwälder treffen wir auf Kalk-, Dolomit- und Silikatböden in den verschiedenen Laubwaldstufen und der Unteren Nadelwaldstufe an.

Es versteht sich, daß da und dort die Unterhänge in Schuttkegel und die Schuttkegel in die Überschwemmungsgebiete der Auenwälder übergehen.

Zum Verständnis dieser Zusammenhänge bringen wir eine Reihe von Beispielen, die beweisen sollen, wie notwendig eine Trennung der verschiedenen Grauerlen-Fichtenwälder ist.

Fichtenwald, im Grauerlen-Auenwald hochgekommen.

Beispiel: Einen Fichtenwald, im Grauerlen-Auenwald hochgekommen, untersuchte ich am Ennsufer bei Admont in mehr oder weniger ebener Lage auf höherer Terrasse und fand folgenden floristischen Aufbau:

Baumschicht:

Picea excelsa	5.5	*Fraxinus excelsior*	+
Alnus incana	+		

Strauchschicht:

Lonicera Xylosteum	2.2	*Crataegus monogyna*	+
Sorbus aucuparia	1.1	*Quercus*	+
Viburnum Opulus	1.1		

Schematische Darstellung: Fichtenwald kommt im Grauerlen-Auenwald hoch (Alnetum incanae inundatum ↗ Piceetum).

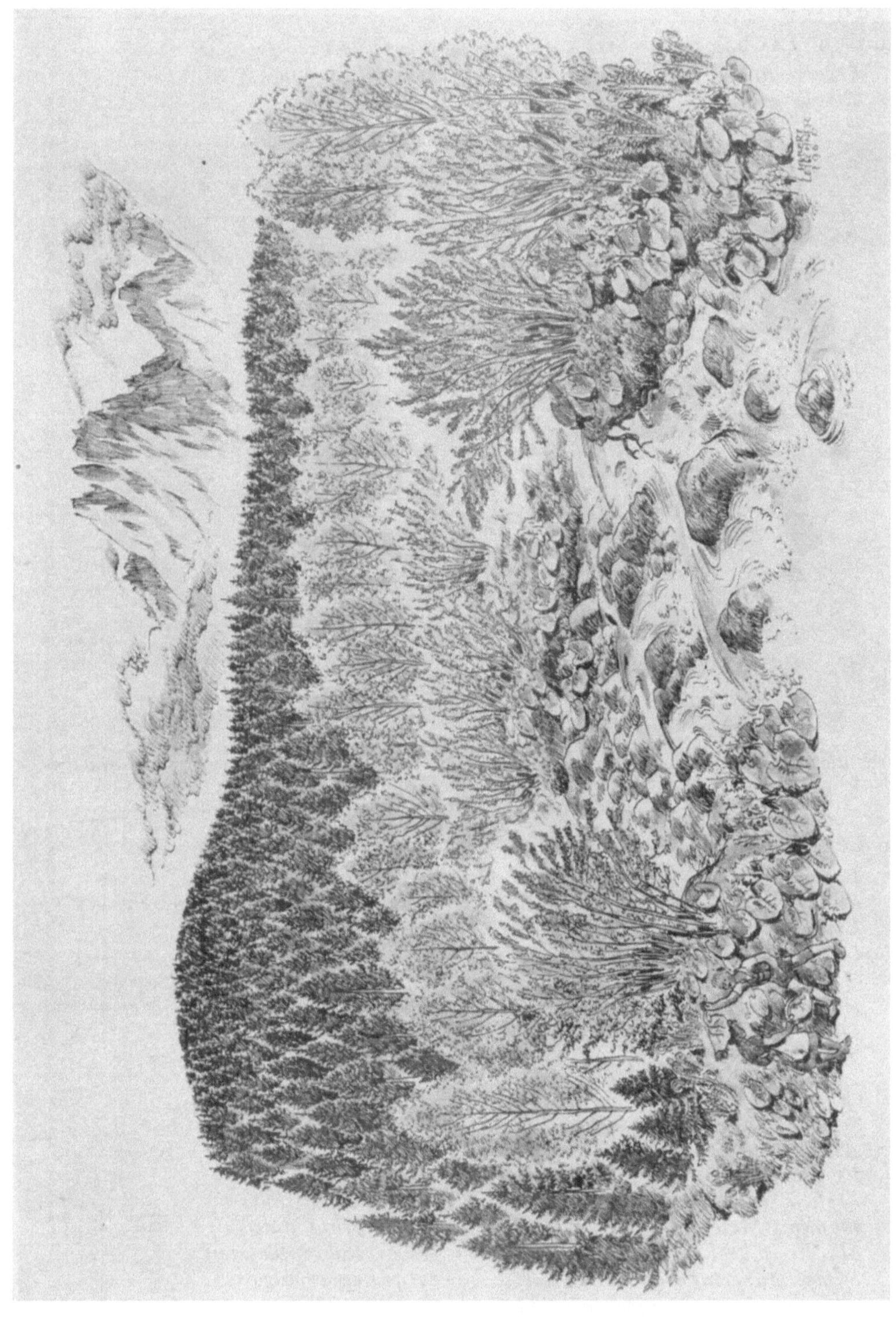

Niederwuchs:

Durch Fichtenbestockung begünstigt:

Oxalis Acetosella	4.3	*Pirola uniflora*	1.1
Pirola secunda	1.2	*Picea excelsa*	+

Auch die Einbeere *(Paris quadrifolia)* deutet im Unterwuchs eines Grauerlen-Auenwaldes darauf hin, daß der Auenwaldboden die für die Überführung in einen Fichtenwald hinreichende Durchlüftung besitzt.

Bodenfeuchte Arten:

Brachypodium silvaticum	1.2	*Thalictrum flavum*	+
Festuca gigantea	1.1	*Campanula Trachelium*	+
Lysimachia Nummularia	1.1	*Cirsium oleraceum*	+
Galium Mollugo ssp. *dumetorum*	1.1	*Filipendula Ulmaria*	+
Aegopodium Podagraria	1.1⁰	*Prunus Padus*	+
Deschampsia caespitosa	+.2	*Valeriana officinalis*	+
Tussilago Farfara	+.2	*Orchis maculata*	+

Anspruchsvolle Laubwaldarten:

Salvia glutinosa	3.2	*Viola* sp.	1.1
Asarum europaeum	1.3	*Poa nemoralis*	+.2
Veronica latifolia	1.2	*Actaea spicata*	+.2
Melica nutans	1.2	*Paris quadrifolia*	+
Daphne Mezereum	1.2	*Euphorbia dulcis*	+
Mycelis muralis	1.1	*Acer Pseudoplatanus*	+
Symphytum tuberosum	1.1	*Aquilegia vulgaris*	+

Astrantia major	+	*Abies alba*	+
Pulmonaria officinalis	+	*Polygonatum multiflorum*	+
Listera ovata	+	*Anemone ranunculoides*	+

S o n s t i g e B e g l e i t e r :

Fragaria vesca	1.1	*Melandryum rubrum*	+
Quercus Robur	+	*Dactylis glomerata*	+
Epipactis Helleborine (= *E. latifolia)*	+	*Valeriana montana*	+
Aconitum Vulparia	+	*Senecio Fuchsii*	+
Symphytum officinale	+	*Helleborus niger*	+
		Rhamnus cathartica	+

M o o s e :

Mnium undulatum	4.3	*Pleurozium Schreberi*	1.2
Rhytidiadelphus triquetrus	3.3	*Hylocomium splendens*	1.2
Rhytidiadelphus loreus	2.3		

Ich stelle diesen Fichtenwald zum Alnetum incanae inundatum ↗ P I C E E T U M fraxinetosum oxalidosum ↗ Aceretum Pseudoplatani.

Wir haben es hier mit einem Fichtenwald zu tun, der sich über einen Grauerlenwald heraufentwickelt hat. Die Fichte bedeckt in der Baumschicht lebenskräftig wachsend geschlossen den Boden, begleitet von einer Anzahl Fichtenwaldpflanzen *(Pirola uniflora, P. secunda).* Die Beziehung zum Grauerlenwald geht nicht nur daraus hervor, daß sich dieser Fichtenwald über einen Grauerlen-Auenwald heraufentwickelt hat, sondern auch daraus, daß die Grauerle in der Baumschicht noch vertreten ist und im Unterwuchs viele Charakterarten dieses Waldes als Reste sich erhalten haben. So *Galium Mollugo* ssp. *dumetorum, Aegopodium Podagraria, Brachypodium silvaticum, Prunus Padus,* begleitet von vielen bodenfeuchten Arten.

Der Haushalt dieses Waldes ist gekennzeichnet durch seine Lage in der Mittleren Buchenstufe, durch verhältnismäßig hoch anstehenden Grundwasserstand und durch seinen guten Wasser- und Nährstoffhaushalt.

Die Vegetationsentwicklung verläuft, schematisch dargestellt, folgend:

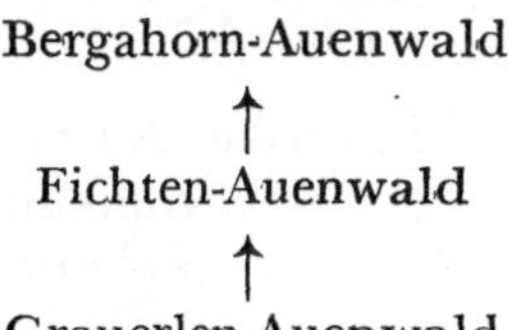

Ich vermute, daß die Vegetationsentwicklung zum Bergahornwald führt, der die kühle Lage im Talboden besser ertagen kann als die Rotbuche. Schon jetzt zeigt der Boden eine solche Güte, daß der Bergahorn als Mischholz eingebracht werden kann, zumal das Grundwasser für ihn nicht zu hoch ansteht.

Im Sinne der Charakterartenlehre B r a u n - B l a n q u e t s haben wir es hier nicht mit einer Fichtenwaldgesellschaft des Vaccinio-Piceion-Verbandes zu tun, sondern mit einer Waldgesellschaft des Alneto-Ulmion-Verbandes.

Es handelt sich um einen Verband, dessen Einzelbestände hohen Grundwasserstand ertragen können.

Innerhalb dieses Verbandes stelle ich unseren Fichtenwald zum Alnetum incanae Aichinger et Siegrist 1930 und zwar zur *Picea excelsa*-Subassoziation.

Als Charakterarten dieses von Siegrist und Aichinger aufgestellten Alnetum incanae treffen wir in unserem Fichtenwalde an:

Alnus incana	*Aegopodium Podagraria*
Prunus Padus	*Mnium undulatum*
Brachypodium silvaticum	*Galium Mollugo* ssp. *dumetorum*
Festuca gigantea	

Als Differentialarten der Subassoziation „piceetosum“:

Picea excelsa	*Rhytidiadelphus loreus*
Pirola uniflora	*Priola secunda*
Rhytidiadelphus triquetrus	*Oxalis Acetosella*

Dieser Einzelbestand des „Alnetum incanae piceetosum“ besitzt schon eine ganze Reihe anspruchsvoller Laubwaldarten.

Wir ersehen aus der Erfassung dieses Waldes im Sinne der Charakterartenlehre Braun-Blanquets, daß ein Fichtenwald ohneweiters zum Alnetum incanae gestellt werden kann, wenn er die Charakterarten des Alnetum incanae besitzt.

Diese Tatsache besitzt im Hinblick auf die verwandtschaftliche Erfassung unserer Wälder allergrößte praktische Bedeutung.

Einen anderen Fichtenwald, der im Grauerlen-Auenwald hochgekommen war, untersuchte ich am Worounitzaschuttkegel am Ostufer des Faaker Sees in Kärnten.

Bodenverhältnisse: ebene Lage bei 28° C Lufttemperatur, oberste Bodenschicht 18° C, ¼—½ cm Nadelstreu, 2 cm Rohhumus, 10 cm schwarzer Humusboden, darunter humusdurchmischter Sand.

Floristischer Aufbau:

Baumschicht:

Picea excelsa	5.5	*Fraxinus excelsior*	+
Alnus incana	1.3	*Pinus silvestris*	+

Strauchschicht:

Bodenfeuchtigkeit anzeigende Arten:

Alnus incana	2.2	*Clematis Vitalba*	+
Prunus Padus	+	*Viburnum Opulus*	+
Salix alba	+		

Waldweide ertragende Arten:

Ligustrum vulgare	1.1	*Rosa* sp.	+
Berberis vulgaris	1.2	*Viburnum Lantana*	+
Lonicera Xylosteum	1.1	*Cornus sanguinea*	+
Crataegus monogyna	+		

Niederwuchs:

Bodensaure Arten:

Pirola uniflora	+	*Oxalis Acetosella*	+
Pirola secunda	+		

Bodenfeuchte Arten als Reste des Grauerlenwaldes:

Mnium undulatum	1.2	*Galium Mollugo* ssp. *dumetorum*	+
Rubus caesius	1.1	*Epipactis palustris*	+
Alnus incana	1.1	*Angelica silvestris*	+
Valeriana officinalis	1.1	*Brachypodium silvaticum*	+
Viburnum Opulus	1.1	*Deschampsia caespitosa*	+
Carex flacca	+	*Ajuga reptans*	+
Leucoium vernum	+		
Eupatorium cannabinum	+		

Gemeinschaftsweide auf dem Schuttkegel des Rauscherbaches südwestlich Faaker See in Kärnten, vom Adlerfarn vollkommen verwachsen (Alnetum incanae ↗ Piceetum ↘ herabgewirtschaftete Weide).

Anspruchsvolle Arten des Laubwaldes:

Fagus silvatica	2.1°	*Symphytum tuberosum*	+
Anemone trifolia	2.1	*Galium vernum*	+
Listera ovata	1.1	*Paris quadrifolia*	+
Viola silvestris	1.1	*Aquilegia vulgaris*	+
Mycelis muralis	+	*Salvia glutinosa*	+
Hieracium silvaticum	+	*Knautia drymeia*	+
Euphorbia amygdaloides	+	*Abies alba*	+

Bodenbasische Arten:

Carex alba	3.4	*Carex ornithopoda*	+.2
Carex digitata	1.2		

Moosschicht:

Rhytidiadelphus triquetrus	3.3	*Dicranum scoparium*	1.2
Pleurozium Schreberi	2.3	*Hylocomium splendens*	1.1

Dieser floristische Aufbau zeigt uns, daß wir es in unserem Falle mit einem Auenwaldboden zu tun haben, der oberflächlich trocken ist und basisches Material abgelagert hat. Der Hinweis darauf ist nicht notwendig, weil aus der Zuteilung zum *Carex-alba*-Untertyp diese Zusammenhänge hervorgehen. Die Weißsegge erträgt basischen, oberflächlich trockenen Boden und kommt auf feuchten sauren Böden nie vor.

Wir haben es hier mit einem moosreichen *Carex-alba*-Untertyp des Fichtenwald-Auenwaldes zu tun, der sich über einen Grauerlenwald heraufentwickelt hat und sich weiter zum Rotbuchen-Tannen-Fichten-Mischwald entwickelt. Dieser Gang der Vegetationsentwicklung im Gelände des Auenwaldes ist nur darum möglich, weil der mittlere Sommerwasserstand 1½ m unter der Bodenoberfläche liegt und der Boden bis tief hinunter sehr sandig bis kiesig und somit durchlüftet ist.

Dem ist es zuzuschreiben, daß der Oberboden ziemlich trocken ist und daher *Pinus silvestris, Juniperus communis, Viburnum Lantana* in der Strauchschicht und *Carex alba* im Niederwuchs auftreten (Pineto silvestris - Alnetum incanae inundatum calcicolum ↗ PICEETUM caricetosum albae muscosum ↗ Fagetum).

Rotbuchen-Tannen-Fichten-Mischwald

↑

Bodenfeuchter Fichtenwald mit Rotbuchen-Tannen-Unterwuchs

↑

Bodenfeuchter Fichtenwald mit Grauerlen-Zwischenbestand

↑

Grauerlen-Eschen-Auenwald mit Rotföhren-Zwischenbestand

↑

Grauerlen-Rotföhren-Mischwald mit Weiden-Zwischenbestand

↑

Grauweiden-Tamarisken-Rotföhren-Jungwald

Die Vegetationsentwicklung unseres Fichtenwaldes erfolgte, wie aus der schematischen Darstellung zu ersehen, folgend:

Vom Hochwasser wurde gröberer Sand mit Feinerde vermischt abgelagert. Rotföhren, Deutsche Tamariske und Uferweide *(Salix Elaeagnos)* siedelten sich als Pioniergesellschaft an und schlossen sich zusammen. Die Grauerle gesellte sich hinzu und drängte, in zunehmendem Maße den Oberboden durch Laubstreu und Wurzelknöllchen verbessernd, die lichtbedürftigen Erstansiedler zurück. Mit zunehmender Wasserhältigkeit des Oberbodens gesellen sich Eschen hinzu und ermöglichen der Fichte Lebensmöglichkeiten. So kommt die Fichte als schattenfestere Holzart im Niederwuchs hoch und drängt langsam die lichtbedürftigen Grauerlen und Eschen zurück, den Boden durch ihre

Nadelstreu oberflächlich versauernd. Damit vermögen im Niederwuchs die bodensauren Arten, insbesondere die für den Fichtenwald so bezeichnenden Strauchmoose, Fuß zu fassen.

Die Entwicklung bleibt hier aber nicht stehen. In zunehmendem Maße siedelt sich Bodenleben an und führt den oberflächlich sauren Rohhumusboden in milden Humusboden über. Damit vermögen die anspruchsvollen Laubwaldarten aufzukommen und die Vegetationsentwicklung verläuft zum Rotbuchen-Tannen-Fichten-Mischwald.

Diese Vegetationsentwicklung ist aber nur auf mehr oder weniger wasserdurchlässigen basischen Böden im luftfeuchten Buchenklima möglich.

Denn die Rotbuche erträgt die kalten wasserhältigen Böden nicht.

W i r t s c h a f t l i c h e, F o l g e r u n g e n: Dieser Fichtenwald wurzelt infolge des tiefer stehenden Grundwassers und somit trockenen Oberbodens ziemlich tief und neigt daher weniger zur Wurzelfäule als die Fichtenwälder des Bruchwaldes und Auenwaldes mit nassen, wenig durchlüfteten Böden.

An Stelle unseres Fichtenwaldes könnten wir ohne weiteres auch einen Grauerlen- oder Eschenwald anstreben. Ja, der Boden ist schon so gut, daß mit Rotbuchen-Tannen-Unterbau die Vegetationsentwicklung zum hochwertigen Rotbuchen-Tannen-Fichten-Mischwald eingeleitet werden kann.

Begünstigt würde dieser Gang der Vegetationsentwicklung durch Ausschaltung der ungeregelten Weidenutzung werden.

Die ungeregelte Waldweide bewirkt, daß sich nur diejenigen Sträucher und krautigen Pflanzen durchsetzen, welche infolge ihrer Bewehrung (Stacheln, Dornen) bzw. ihrer Giftwirkung nicht gefressen werden; während die Rotbuchen- und Tannenverjüngungen immer wieder abgefressen werden.

Im Interesse pfleglicher Wirtschaft muß auf jeden Fall der ungeregelte Waldweidebetrieb ausgeschaltet werden.

Auch dieser Fichtenwald gehört im Sinne der Charakterartenlehre B r a u n - B l a n q u e t s auf Grund der Charakterarten:

Alnus incana	*Brachypodium silvaticum*
Rubus caesius	*Mnium undulatum*
Galium Mollugo ssp. *dumetorum*	

zum Alnetum incanae und zwar auf Grund der Differentialarten:

Picea excelsa	*Oxalis Acetosella*
Pirola secunda	*Rhytidiadelphus triquetrus*
Pirola uniflora	

zum Alnetum incanae piceetosum.

Ferner auf Grund des reichlichen Hervortretens von *Carex alba,* die trockenen, basischen Oberboden erkennen läßt, zur *Carex alba* - Fazies.
Somit zum

„A l n e t u m   i n c a n a e   p i c e e t o s u m   c a r i c o s u m   a l b a e".

Einen Fichtenwald untersuchte ich an der Gail bei Warmbad-Villach und fand folgenden floristischen Aufbau:

B a u m s c h i c h t :

Picea ecxelsa, bestockt	0,8	*Alnus incana,* bestockt	0,2

S t r a u c h s c h i c h t :

Lonicera Xylosteum	3.2	*Humulus Lupulus*	+
Berberis vulgaris	1.2	*Rhamnus Frangula*	+
Sambucus nigra	1.2	*Viburnum Opulus*	+
Picea excelsa	1.1	*Alnus incana*	+
Clematis Vitalba	+	*Cornus sanguinea*	+

K r a u t s c h i c h t :

Oxalis Acetosella	4.4	*Cardamine impatiens*	1.1
Galium vernum	3.1	*Polygonatum multiflorum*	1.1
Euphorbia amygdaloides	2.2	*Veronica Chamaedrys*	1.1
Melica nutans	2.2	*Ajuga reptans*	1.1
Anemone nemorosa	2.2	*Crataegus monogyna*	1.1
Brachypodium silvaticum	2.2	*Euphorbia Cyparissias*	1.1
Majanthemum bifolium	2.1	*Urtica dioica*	+.2
Glechoma hederacea	1.2	*Pimpinella major*	+
Lamium Galeobdolon	1.2	*Deschampsia caespitosa*	+
Daphne Mezereum	1.2	*Lysimachia Nummularia*	+
Aegopodium Podagraria	1.2^0	*Geum urbanum*	+
Primula vulgaris	1.1	*Scrophularia nodosa*	+
Listera ovata	1.1	*Paris quadrifolia*	+
Pulmonaria officinalis	1.1	*Viola Riviniana*	+
Euphorbia dulcis	1.1	*Quercus Robur*	+
Anemone ranunculoides	1.1	*Pteridium aquilinum*	+
Corydalis solida	1.1	*Ranunculus acer*	+
Rubus caesius	1.1	*Picea excelsa*	+
Struthiopteris Filicastrum	1.1		

M o o s s c h i c h t :

Mnium undulatum	5.5

Ich stelle diesen Fichtenwald im Sinne meiner Waldentwicklungstypen zum „Alnetum incanae inundatum ↗ PICEETUM“ und zwar zum Untertyp „cornetosum sanguineae“.

Im Niederwuchs dieses Waldes befinden sich eine Reihe typischer Grauerlenwald-Pflanzen:

Clematis Vitalba
Humulus Lupulus
Brachypodium silvaticum
Aegopodium Podagraria
Rubus caesius
Struthiopteris Filiacastrum.

Wieso tritt die Fichte in diesem Walde so herrschend hervor?

Schematische Darstellung: Fichtenwald auf wasserdurchlässigem Geröllboden unter Rotföhrenwald hochgekommen (Pinetum silvestris basiferens inundatum ↗ Piceetum).

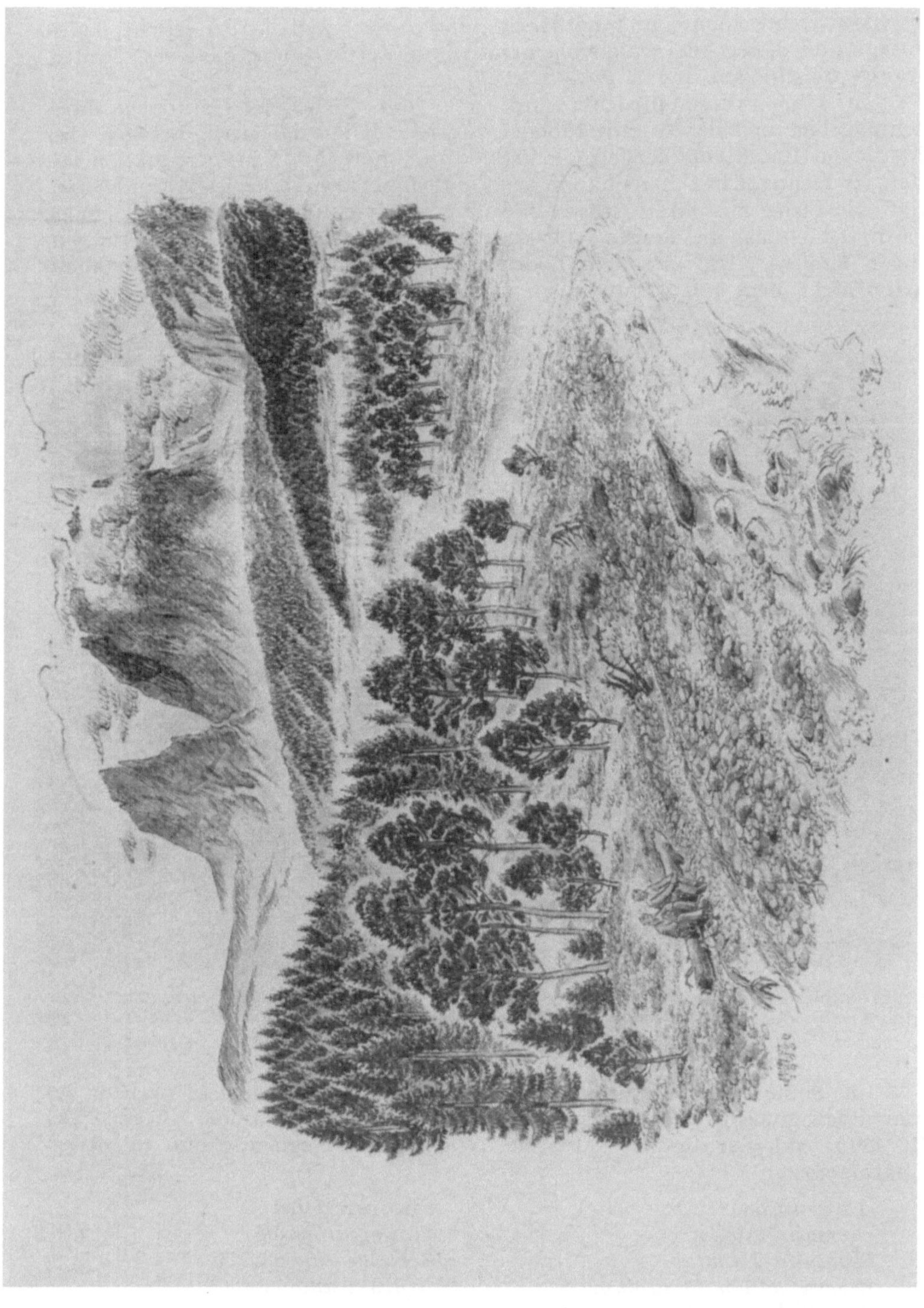

Die Fichte konnte hier natürlich aufkommen, weil ihr der frische Boden zusagt und dieser Auenwald vom natürlichen Verbreitungsgebiete des Fichtenwaldes umschlossen ist.

In klimatischer Hinsicht würde auch der Eiche und Hainbuche dieses Klimagebiet und der Auenwaldboden zusagen. Diese Holzarten besitzen aber in diesem Raum eine so geringe Verbreitung, daß ihre Samenproduktion mit der der Fichte nicht Schritt halten kann und daher unterlegen ist. Dazu kommt, daß die Eiche mit ihren schweren Samen um vieles schwerer herankommen kann. Ist einmal die Fichte lebenskräftig aufgekommen und überschirmt mit ihren Kronen geschlossen den Boden, so vermögen lichtbedürftige Laubholzarten nicht mehr aufzukommen.

Der Straußfarn *(Struthiopteris Filicastrum)* besiedelt geschlossen den Unterwuchs eines Grauerlen-Auenwaldes, der sich schon zum Fichtenwald entwickeln könnte (ALNETUM incanae inundatum struthiopteridosum Filicastri ↗ Piceetum).

Im Sinne der Charakterartenlehre Braun-Blanquets haben wir hier einen gut entwickelten Einzelbestand des Alnetum glutinoso-incanae Br.-Bl. 1915, und zwar die Subassoziation: „cornetosum sanguineae" mit folgenden Charakterarten:

Alnus incana
Clematis Vitalba
Humulus Lupulus
Brachypodium silvaticum
Aegopodium Podagraria
Rubus caesius
Geum urbanum
Scrophularia nodosa
Mnium undulatum.

Als Differentialarten dieser Subassoziation „cornetosum" wachsen hier:

Cornus sanguinea
Viburnum Opulus
Crataegus monogyna
Sambucus nigra
Polygonatum multiflorum.

Infolge des herrschenden Hervortretens von *Picea excelsa* stellen wir diesen Einzelbestand zur „Picea-Fazies".

Fichtenwälder im Grauerlen-Unterhangwald.

Einen solchen Fichtenwald untersuchte ich auf einem 10° geneigten Nordhang bei Mitterberg im Packgebiet (Steiermark) in 850 m Seehöhe und fand folgenden floristischen Aufbau:

Baumschicht: 0,9 bestockt

Picea excelsa	5.5	*Alnus incana*	+

Strauchschicht:

Picea excelsa	2.2	*Acer Pseudoplatanus*	+

Krautschicht:

Oxalis Acetosella	4.3	*Viola silvestris*	+
Vaccinium Myrtillus	2.2	*Hieracium silvaticum*	+
Majanthemum bifolium	2.1	*Luzula albida*	+
Vaccinium Vitis-idaea	1.2	*Luzula pilosa*	+
Anemone ranunculoides	1.1	*Solidago alpestris*	+
Athyrium Filix-femina	1.1	*Melampyrum silvaticum*	+
Luzula flavescens	1.1	*Deschampsia caespitosa*	+
Picea excelsa	1.1	*Poa nemoralis*	+
Gentiana asclepiadea	+	*Homogyne alpina*	+
Senecio Fuchsii	+	*Alnus incana*	+
Dryopteris Filix-mas	+		

Moosschicht:

Plagiochila asplenioides	4.3	*Pleurozium Schreberi*	2.2
Polytrichum formosum	2.2	*Rhytidiadelphus triquetrus*	1.2
Hylocomium splendens	2.2	*Mnium undulatum*	+.2

Ich stelle diesen Fichtenwald zum Alnetum incanae superirrigatum silicicolum sec. ↗ PICEETUM oxalidosum ↗ Abieteto-Fagetum, also zu einem sauerkleereichen Fichtenwald, der ehemals in einem Grauerlen-Unterhang über Silikatboden aufgekommen ist, sich weiter zum Buchen-Tannen-Fichten-Mischwald entwickelt hat und durch waldverwüstende Eingriffe wieder zum Fichtenwald herabgewirtschaftet wurde.

Die Fichte beherrscht die Baumschicht, begleitet von einer reichlichen Moosschicht und wenigen Charakterarten des Fichtenwaldes *(Homogyne alpina, Melampyrum silvaticum, Luzula flavescens).*

Die Beziehung zum Grauerlenwald geht schon daraus hervor, daß die Grauerle in lichten Waldstellen und Blößen mehr oder weniger hervortritt und auch in der Baumschicht vertreten ist, begleitet von bodenfeuchten Arten im Niederwuchs *(Alnus incana, Plagiochila asplenioides, Mnium undulatum)*.

Die vielen anspruchsvollen Arten wie *Anemone ranunculoides, Gentiana asclepiadea, Athyrium Filix-femina, Dryopteris Filix-mas, Viola silvestris, Poa nemoralis, Hieracium silvaticum* geben den Hinweis, daß der Wasser- und Nährstoffhaushalt dieses Waldes so gut ist, daß auch der Bergahorn, welcher auch in der Strauchschicht vertreten ist, aufkommen kann.

Viele tausend Hektar armseliger Grauerlen-Ausschlagwälder besiedeln die Überschwemmungsgebiete unserer Bäche und Flüsse. Das obige Bild bringt einen Ausschnitt eines solchen Bestandes vom Kärntner Oberland. Das reichliche Auftreten von Sauerklee *(Oxalis Acetosella)* gibt den Hinweis, daß hier die Fichte lebenskräftig aufgebracht werden könnte. (Piceetum inundatum ↘ ALNETUM incanae).

Wie ist es aber möglich, daß in diesem Walde, der doch in Beziehung zum Grauerlenunterhangwald steht, die Heidelbeere begleitet von anderen bodensauren Arten *(Vaccinium Vitis-idaea, Luzula albida, Luzula pilosa, Polytrichum formosum)* auftritt?

Die Erklärung liegt in folgendem: Erstens ist dieser Wald von groben Silikatsteinen überdeckt, so daß mosaikartig bodenfeuchte neben bodentrokkenen Stellen liegen. Zweitens ist infolge waldverwüstender Eingriffe an bodentrockenen Stellen oberflächlich eine saure Auflageschichte entstanden.

Wird der Wald niedergeschlagen, so breitet sich wieder die Grauerle aus und überdeckt völlig den Boden.

Schematische Darstellung: Auf grobblockigem Schuttkegel siedelt mosaikartig die Grauerle im feuchten Boden zwischen den Steinblöcken und die Fichte auf den trockenen Steinoberflächen. Aus dem nebeneinander Vorkommen (simultan) dürfen wir hier nicht auf das hintereinander Aufkommen (sukzessiv) schließen.

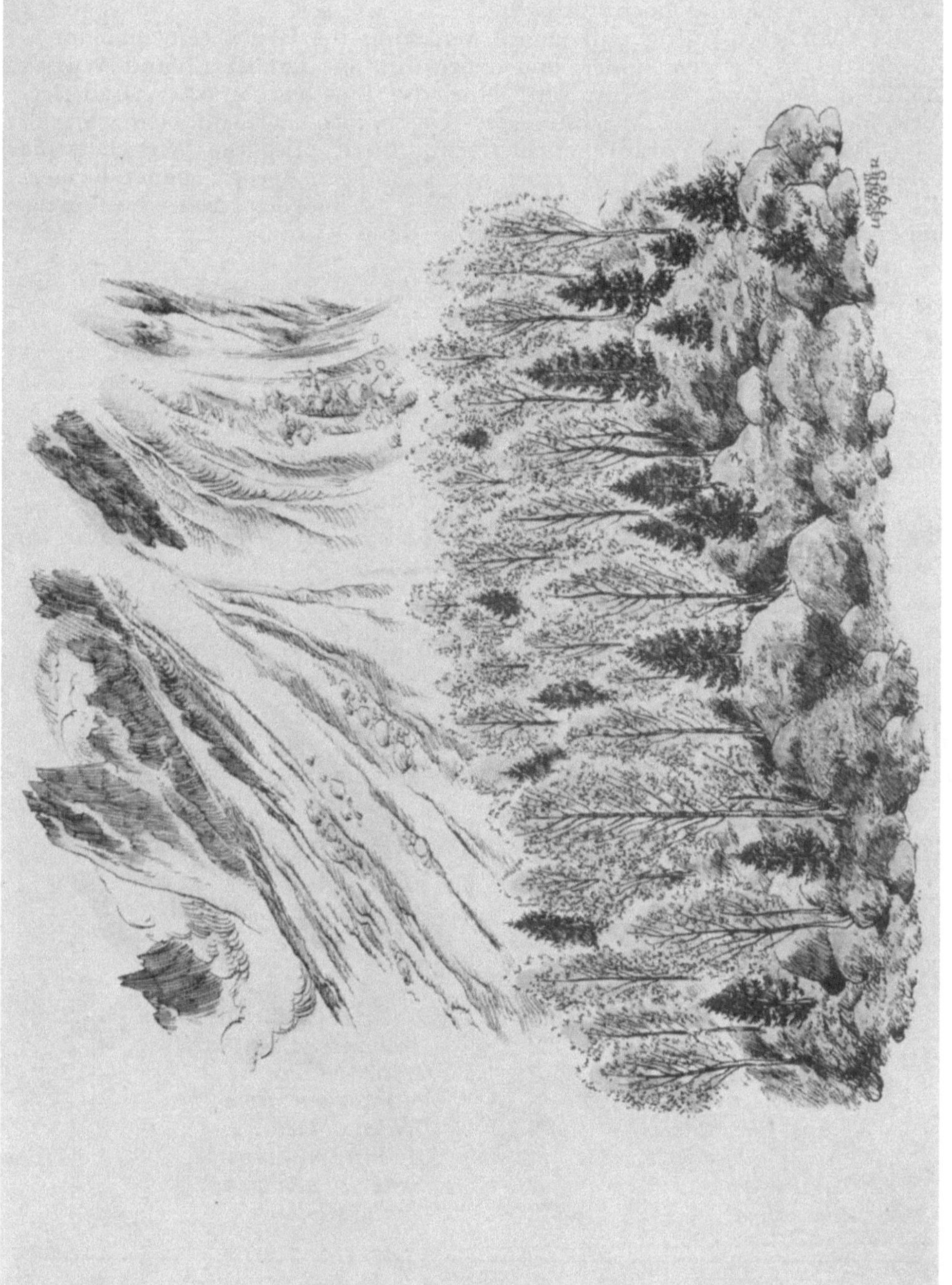

Wirtschaftliche Folgerungen: Um die bodenversauernde Wirkung der Fichte zu mindern, ist es hier angezeigt, einen Grauerlen-Vorwald nach jedem Kahlschlag hochzubringen.

Er kann lebenskräftig aufkommen, verdrängt die Heidelbeere und durchwurzelt tiefgründig den Boden und düngt ihn mit Laubabfall und Wurzelknöllchen. Der Zuwachsverlust wird durch die Einschaltung eines Grauerlen-Vorwaldes durch besseres Wachstum der jungen Fichten reichlich eingebracht.

Unser Ziel muß darauf gerichtet sein, durch pflegliche Wirtschaft die Bodengüte so zu heben, daß wir einen wuchsfreudigen Buchen-Tannen-Fichten-Mischwald als Wirtschaftsziel erreichen. Dies ist möglich, denn die Vegetationsentwicklung verläuft auch natürlich in diese Richtung.

Im Sinne der Charakterartenlehre Braun-Blanquets stelle ich diesen Fichtenwald auf Grund der Charakterarten:

Luzula luzulina (= L. flavescens)	*Homogyne alpina*
Melampyrum silvaticum	

zum Piceetum montanum Br.-Bl. 1938

und zwar auf Grund der Differentialarten:

Alnus incana	*Mnium undulatum*

zum Piceetum montanum alnetosum incanae, und zwar zur Fazies „oxalidosum".

Ein Fichten-Unterhangwald bei Arriach (Kärnten), 950 m Seehöhe, auf silikatischem Moränenboden, 20° geneigter Nordhang, zeigt folgenden floristischen Aufbau:

Baumschicht (20—25 m hoch):

Picea excelsa	5.5	*Alnus incana*	+°
Abies alba	+		

Strauchschicht:

Picea excelsa	3.4	*Fagus silvatica*	+
Alnus incana	+.2	*Acer Pseudoplatanus*	+
Lonicera Xylosteum	+	*Abies alba*	+

Krautschicht:

Oxalis Acetosella	5.5	*Luzula flavescens*	+.2
Majanthemum bifolium	2.2	*Prenanthes purpurea*	+.2
Equisetum silvaticum	2.2	*Urtica dioica*	+.2
Lastrea Phegopteris (= Dryopteris Phegopteris)	1.2	*Homogyne alpina*	+.2
		Rubus idaeus	+
Athyrium Filix-femina	+.2	*Aconitum Vulparia*	+
Cardamine trifolia	+.2	*Senecio nemorensis*	+
Luzula pilosa	+.2	*Viola silvestris*	+

Schematische Darstellung: Fichtenwald im Grauerlen-Unterhangwald hochgekommen (Alnetum incanae superirrigatum ↗ Piceetum).

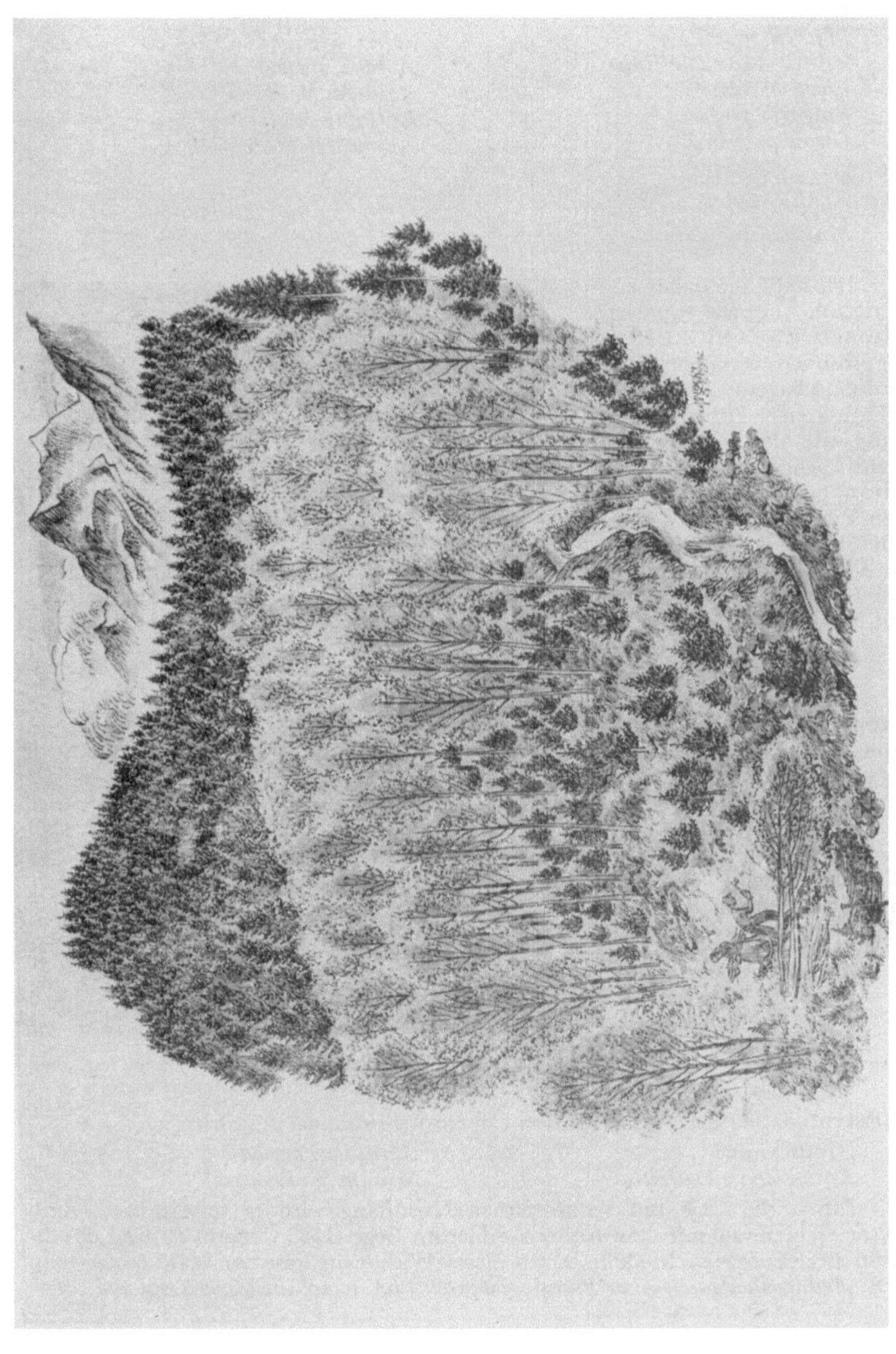

Carduus Personata	+	*Myosotis silvatica*	+
Mycelis muralis	+	*Senecio Fuchsii*	+
Adoxa Moschatellina	+	*Actaea spicata*	+
Picea excelsa	+	*Aruncus vulgaris*	+
Fragaria vesca	+	*Epilobium alpestre*	+
Circaea alpina	+	*Adenostyles Alliariae*	+

Moosschicht:

Rhytidiadelphus triquetrus	5.5	*Hylocomium splendens*	1.2
Mnium undulatum	2.3	*Plagiochila asplenioides*	1.2

Ich stelle ihn daher zum Alnetum incanae superirrigatum sec. ↗ PICEETUM fagetosum oxalidosum ↗ Abieteto-Fagetum, also zum sekundären Fichten-Unterhangwald, der im Grauerlenwald hochgekommen ist und schon gewisse Anklänge an den Buchen-Mischwald zeigt. Dieser sekundäre Wald ist ein Waldverwüstungsstadium des Rotbuchen-Tannen-Fichten-Mischwaldes.

Waldschachtelhalm *(Equisetum silvaticum)* zeigt feuchten, schwach sauren, tonreichen Boden an.

Im Sinne der Charakterartenlehre haben wir hier einen Einzelbestand des Piceetum montanum alnetosum incanae oxalidosum.

Charakterarten des Piceetum montanum Br.-Bl. 1938 sind hier:

Luzula luzulina

Homogyne alpina

Circaea alpina

Plagiochila asplenioides

Differentialarten der Subassoziation „alnetosum incanae" sind hier:

Alnus incana	*Carduus Personata*
Equisetum silvaticum	*Mnium undulatum.*

Durch die Lage am schneereichen Nordhang wird es verständlich, daß unser Fichtenwald mit dem Acereto-Alnetum Beger 1922 verzahnt ist und durch diese Beziehung verschiedene Arten dieses Waldes in unserem Wald auftreten, z. B. *Aruncus vulgaris, Acer Pseudoplatanus, Poa nemoralis, Actaea spicata.*

Im Sinne der Charakterartenlehre Braun-Blanquets stelle ich diesen Wald auf Grund der Ordnungscharakterarten:

Epilobium alpestre
Carduus Personata
Senecio nemorensis
Adenostyles Alliariae
Aconitum Vulparia

zur Ordnung Adenostyletalia Br.-Bl. 1931. Innerhalb dieser Ordnung gehört er zum Verband: Adenostylion Alliariae Br.-Bl. 1925

und innerhalb dieses Verbandes zur Assoziation: „Adenostyleto-Cicerbitetum", und zwar zur Subassoziation „piceetosum".

Ich habe damit denselben Weg zur Erfassung dieses Waldes eingeschlagen, wie z. B. H. Pallmann und P. Haffler, als diese Forscher die *Rhododendron ferrugineum - Vaccinium Myrtillus*-Zirbenbestände als Subassoziation des Rhodoreto-Vaccinietum faßten (Rhodoreto-Vaccinietum cembretosum) und den *Rhododendron ferrugineum - Vaccinium Myrtillus-Pinus Mugo*-Bestand als Rhodoreto-Vaccinietum mugetosum faßten.

Fichte verjüngt sich natürlich im Grauerlen-Unterhangwald (ALNETUM incanae superirrigatum ↗ Piceetum).

So gibt es auch ein

Adenostyleto-Cicerbitetum piceetosum
Adenostyleto-Cicerbitetum fagetosum
Adenostyleto-Cicerbitetum aceretosum Pseudoplatani
Adenostyleto-Cicerbitetum alnetosum viridis
Adenostyleto-Cicerbitetum laricetosum
Adenostyleto-Cicerbitetum extrasilvaticum.

Unser Fichtenwald gehört in diesem Sinne auf Grund der Charakterarten:

Adenostyles Alliariae — *Cicerbita alpina*
Peucedanum Ostruthium — *Aconitum Napellus*
Aconitum Vulparia

dem „Adenostyleto - Cicerbitetum piceetosum" an.

Einen Fichten-Unterhangwald (100jährig) untersuchte ich bei Böckstein im Gasteiner Tal, 1200 m Seehöhe, auf einem 15° geneigten Osthang und fand folgenden floristischen Aufbau:

Baumschicht (35—40 m hoch, 0,9 bestockt):

Picea excelsa	5.5

Strauchschicht:

Picea excelsa	2.2

Hochstauden- und Krautschicht:

Adenostyles Alliariae	5.5	*Stachys silvatica*	+
Oxalis Acetosella	4.3	*Cirsium heterophyllum*	+
Athyrium Filix-femina	3.2	*Epilobium alpestre*	+
Lamium Galeobdolon	2.1	*Peucedanum Ostruthium*	+
Aconitum Vulparia	1.2	*Myosotis silvatica*	+
Cicerbita alpina	1.2	*Carex silvatica*	+
Chaerophyllum Cicutaria	1.1	*Scrophularia nodosa*	+
Crepis paludosa	1.1	*Mycelis muralis*	+
Paris quadrifolia	1.1	*Sorbus aucuparia*	+
Senecio nemorensis	1.1	*Solidago alpestris*	+
Prenanthes purpurea	1.1	*Veronica Chamaedrys*	+
Senecio Fuchsii	1.1	*Hieracium silvaticum*	+
Lastrea Phegopteris	1.1	*Urtica dioica*	+
Stellaria nemorum	+.2	*Viola biflora*	+
Chrysosplenium alternifolium	+.2	*Melandryum rubrum*	+
		Lamium maculatum	+
Doronicum austriacum	+.2	*Lastrea Dryopteris*	+
Aconitum Napellus	+.2	*Veronica latifolia*	+
Lonicera nigra	+.2	*Luzula pilosa*	+
Calamagrostis villosa	+.2	*Aruncus vulgaris*	+
Carduus Personata	+	*Dryopteris Filix-mas*	+
Lysimachia Nummularia	+	*Rubus idaeus*	+
Angelica silvestris	+	*Knautia silvatica*	+

Moosschicht:

Mnium undulatum	3.2

Aus diesem floristischen Aufbau geht hervor, daß im Unterwuchs Arten vorherrschen, die an den Wasser- und Nährstoffhaushalt große Ansprüche stellen, und zwar *Chaerophyllum Cicutaria, Crepis paludosa, Carduus Personata, Stellaria nemorum, Lysimachia Nummularia, Chrysosplenium alternifolium,*

Angelica silvestris, Stachys silvatica, Cirsium heterophyllum. Wir befinden uns also in einem bodenfeuchten Fichtenwald. Die Frage nach seinem Vorwald wird durch die Anwesenheit zahlreicher Hochstauden geklärt, die mit Vorliebe in Grünerlenwäldern vorkommen, wie *Adenostyles Alliariae, Epilobium alpestre, Peucedanum Ostruthium,* und durch die Grünerle selbst, die in Lichtungen und Kahlschlagflächen auftritt. Eine Reihe von Laubwaldarten, wie *Lamium Galeobdolon, Aconitum Vulparia, Paris quadrifolia, Myosotis silvatica, Carex silvatica, Scrophularia nodosa, Mycelis muralis,* weisen ferner darauf hin, daß dieser Fichtenwald hier nicht die Schlußgesellschaft bildet. *Aruncus vulgaris,* der große Luftfeuchtigkeit, kühles Klima und lange Schneebedeckung erkennen läßt, spricht dafür, daß sich dieser bodenfeuchte Fichtenwald zum Bergahornwald entwickeln wird. Dies wird durch eine inmitten unzugänglicher Felsen vom Abtrieb bewahrt gebliebene Bergahorngruppe bestätigt.

Rhodobryum roseum, Plagiochila asplenioides, Atrichum undulatum besiedeln sekundäre Fichtenwälder.

Wir haben also einen Fichten-Unterhangwald vor uns, der im Grünerlenwald aufgekommen ist, sich dann weiter zum Bergahornwald entwickelte, vom wirtschaftenden Menschen aber wieder zum sekundären Fichtenwald degradiert wurde (Alnetum viridis sec. superirrigatum ↗ PICEETUM excelsae ↗ Aceretum Pseudoplatani).

Wir können also diesem Fichtenwald ohne weiteres eine Bergahornmischung beigeben. Außerdem müßte dieser Wald in kürzerer Umtriebszeit bewirtschaftet werden, da bereits ein Großteil der Stämme Wurzelfäule aufweist.

Im Sinne der Charakterartenlehre Braun-Blanquets gehört dieser Wald ebenfalls zum „Adenostyleto-Cicerbitetum" und zwar zur Subassoziation „piceetosum".

Ein Grauerlen-Fichtenwald auf einem Schuttkegel von silikatischem Gestein in der unteren Nadelwaldstufe bei Neurur im Pitztal zeigt in 1550 m Seehöhe auf einem 10° NW geneigten Hang folgenden Aufbau:

In der B a u m s c h i c h t 30–35 m hoch, 0,7 bedeckt, herrscht die Fichte mit ihren 0,3 bis 1,0 m Durchmesser dicken Stämmen.

Die S t r a u c h s c h i c h t tritt völlig zurück, weil die sehr hohen Fichtenstämme den Boden sehr beschatten.

In der K r a u t s c h i c h t tritt keine Art mehr oder weniger tonangebend hervor, wohl aber treten viele Charakterarten des Fichtenwaldes auf:

Listera cordata	1.1	*Luzula luzulina (= flavescens)*	+
Melampyrum silvaticum	1.1	*Pirola uniflora*	+
Homogyne alpina	+.2		
Lycopodium annotinum	+		

Nach fast restlosem Abhieb des Fichtenwaldes kommt der Grauerlen-Unterhangwald sekundär auf (ALNETUM incanae superirrigatum ↗ Piceetum ↘ ALNETUM incanae superirrigatum sec.).

mit genügsamen Begleitern:

Oxalis Acetosella	2.2	*Dryopteris austriaca* ssp. *dilatata*	+
Vaccinium Vitis-idaea	2.2	*Lastrea Dryopteris (= Dryopteris disjuncta)*	+
Vaccinium Myrtillus	+.2	*Lycopodium Selago*	+
Deschampsia flexuosa	+.2	*Luzula albida*	$+^0$
Lonicera nigra	+	*Veronica officinalis*	+
Sorbus aucuparia	+	*Pirola secunda*	+
Picea excelsa	+		
Majanthemum bifolium	+		

und anspruchsvolleren Begleitern:

Hieracium silvaticum	1.2	*Veronica Chamaedrys*	+
Soldanella alpina	1.1	*Clematis alpina*	+
Viola biflora	+		

In der M o o s s c h i c h t :

Hylocomium splendens	5.5	*Pleurozium Schreberi*	1.3
Rhytidiadelphus triquetrus	2.3	*Polytrichnum formosum*	1.3
Mnium undulatum	2.3	*Dicranum scoparium*	1.3
Ptilium crista-castrensis	1.3		

begleitet von einigen

F l e c h t e n :

Cetraria islandica platyphyllos	1.3	*Peltigera aphthosa*	+.3

Wie kommen wir dazu, diesen Fichtenwald, in dem die Grauerle gar nicht vorkommt, hieher zu stellen?

Diese Frage läßt sich leicht beantworten, denn dieser Fichtenwald hat sich über einen Grauerlenwald zum Fichtenwald entwickelt und wird immer wieder zum Grauerlenwald degradiert, wenn der Wald niedergeschlagen wird. Die Grauerle ist sehr lichtbedürftig und verschwindet immer, wenn die Fichte aufkommt und mit ihren dunklen Kronen den Boden völlig beschattet.

In der Moosschicht zeigt uns *Mnium undulatum* den guten Wasserhaushalt des Bodens an und läßt uns erkennen, daß die Grauerle auf diesem Schuttkegel beste Lebensbedingungen findet.

Polytrichum formosum, *Rhytidiadelphus triquetrus* im Unterwuchs eines geschlossenen Fichtenwaldes.

Überall dort, wo der Wald gelichtet wird, tritt die Grauerle auf; daher stelle ich diesen Wald zum „Alnetum incanae inundatum saxosum silicicolum ↗ PICEETUM", also zu einem Fichtenwald, der auf einem bodensauren grobblockigen Schuttkegel im Grauerlenwald hochgekommen ist.

Die Weiterentwicklung zur Heidelbeer-Subassoziation des Fichtenwaldes ist nur auf solchen grobblockigen Böden möglich, deren Oberboden nicht mehr mit dem guten Wasser- und Nährstoffhaushalt des feinerdereichen Bodens Verbindung hat.

Bezeichnend für diese Fichtenwälder, die in Beziehung zum Grauerlenwald stehen, ist insbesondere das starke Zurücktreten der Heidelbeere zwischen den Felsblöcken.

So fällt uns auf, daß die Fichtenwälder auf den Schuttkegeln und auf den Unterhängen, die durch einen besseren Wasser- und Nährstoffhaushalt ausgezeichnet sind und in Wechselbeziehungen zum Grauerlenwald stehen, in den meisten Fällen nicht heidelbeerreich sind, während die Fichtenwälder der Oberhänge mehr oder weniger alle heidelbeerreich sind.

Dies versteht sich schon darum, weil diese Böden von vorneherein einen besseren Wasser- und Nährstoffhaushalt besitzen, aber infolge der Durchwurzelung des Bodens durch die Grauerle und infolge Anreicherung des Bodens mit Stickstoff durch ihre Wurzelknöllchen, noch besser werden.

Solche Fichtenwälder können wir da und dort ohne Gefährdung des Bodens im Kahlschlagbetrieb bewirtschaften. Die natürlich aufkommende Grauerle dürfen wir aber nicht als lästiges Unkraut betrachten, sondern als Bundesgenossen beim Wiederaufbau des Waldes; denn sie bedeckt wieder rasch den Boden, verhindert Abschwemmung der Feinerde, bietet der Fichtenjugend beste Möglichkeiten zum Aufkommen und düngt den Boden. Besonders wichtige Arbeit leistet sie durch ihre tiefgehende Bewurzelung, mit der sie Wurzelröhren schafft, in die die Fichte früher oder später vordringen kann.

Im Sinne der Charakterartenlehre Braun-Blanquets stelle ich diesen Fichtenwald wegen der großen Anzahl guter Charakterarten zum Piceetum subalpinum Br.-Bl. 1938; denn wir finden in ihm die Ordnungscharakterarten der Vaccinio-Piceetalia

Lycopodium Selago
Pirola secunda
Vaccinium Myrtillus
Vaccinium Vitis-idaea
Homogyne alpina,

die Verbandscharakterarten des Vaccinio-Piceion-Verbandes

Dryopteris austriaca ssp. *dilatata*
Lycopodium annotinum
Picea excelsa
Luzula luzulina (= L. flavescens)
Listera cordata
Pirola uniflora
Melampyrum silvaticum
Lonicera nigra
Rhytidiadelphus triquetrus.

Innerhalb dieses Verbandes können wir unseren Fichtenwald zum Piceetum subalpinum Br.-Bl. 1938 stellen und zwar zu einer Ausbildung, die infolge seiner inneralpinen Lage arm an Ericaceen ist, zum: Piceetum subalpinum vaccinietosum Vitis-idaeae hylocomiosum Br.-Bl., subass. nova.

Fichtenwald, im Schwarzerlen-Auenwald hochgekommen.

Dieser Fichtenwald unterscheidet sich im Aufbau seines Niederwuchses nicht wesentlich vom Fichtenwald, welcher im Grauerlen-Auenwald hochgekommen ist. Das unterscheidende Merkmal ist lediglich das begleitende Auftreten der Schwarzerle, die an lichten Stellen oder am Bestandesrand noch vorkommen kann.

H a u s h a l t : Da die Schwarzerle verdichteten luftarmen Boden besser ertragen kann als die Grauerle, finden wir diese Fichtenwälder auch meist dort, wo im Unterlauf der Flüsse das feinste Material abgelagert wurde und den Boden so verdichtete, daß die Grauerle gegenüber der Schwarzerle nicht mehr konkurrenzfähig ist. Ferner dort, wo in einem Gebiet die Grauerle fehlt, kommt die Schwarzerle auch auf weniger verdichteten Böden vor, und somit ist dort auch der Haushalt des Fichtenwaldes nach Schwarzerlen-Auenwald durch bessere Bodendurchlüftung ausgezeichnet. Oberflächlich finden wir in diesen Wäldern aber immer eine den Ansprüchen der Fichte genügende Bodendurchlüftung.

E n t w i c k l u n g : Der Gang der Vegetationsentwicklung verläuft vom Schwarzerlenwald zum Fichtenwald, der meist eine Dauergesellschaft bildet, die sich erst nach Absenkung des Grundwassers und nach einiger Bodendurchlüftung in tieferen Schichten weiter zum Buchenwald entwickeln kann.

W i r t s c h a f t l i c h e F o l g e r u n g e n : Dieser Fichtenwald muß wegen seines raschen Wuchses und des guten Wasser- und Nährstoffhaushaltes in kurzer Umtriebszeit bewirtschaftet werden.

Einen solchen bodenfeuchten Fichtenwald, der im Schwarzerlen-Auenwald hochgekommen ist, untersuchte ich am Ufer eines kleinen Bächleins 500 m westlich Drobollach im Norden des Faaker Sees in Kärnten im Gebiete der Grundmoränen und fand folgende Artzusammensetzung:

B a u m s c h i c h t : Bestockung			
Picea excelsa	0,7	*Alnus glutinosa*	0,1
Fraxinus excelsior	0,2°		
S t r a u c h s c h i c h t :			
Picea excelsa	1.3	*Alnus glutinosa*	1.1
Rhamnus Frangula	1.1	*Fraxinus excelsior*	+°
L i a n e n :			
Clematis Vitalba	1.2	*Humulus Lupulus*	+.1
K r a u t s c h i c h t :			
Brachypodium silvaticum	3.3	*Galium Mollugo*	1.2
Oxalis Acetosella	2.3	*Ajuga reptans*	1.2
Picea excelsa	2.2	*Caltha palustris*	1.2
Chaerophyllum Cicutaria	2.2	*Orchis maculata*	1.1
Majanthemum bifolium	2.2	*Cirsium oleraceum*	1.1
Agryopyron caninum	1.2	*Geranium Robertianum*	+.2
Athyrium Filix-femina	1.2	*Lastrea Phegopteris*	+.2
Vaccinium Myrtillus	1.2	*Lycopus europaeus*	+.2
Chrysosplenium alternifolium	1.1	*Galium scabrum*	+.2
Paris quadrifolia	1.1	*Prenanthes purpurea*	+

M o o s s c h i c h t :

Mnium undulatum	2.3	*Polytrichum formosum*	1.2
Climacium dendroides	1.2	*Rhytidiadelphus triquetrus*	1.2

Ich stelle diesen bodenfeuchten Fichtenwald zum „Fichtenwald, im Schwarzerlen-Auenwald hochgekommen“ (Alnetum glutinosae inundatum ↗ PICEETUM fraxinetosum). Die Zugehörigkeit zur Eschen-Ausbildung gibt uns den Hinweis, daß unser Fichtenwald ohne weiteres in einen Eschenreinbestand übergeführt werden könnte.

Im Sinne der Charakterartenlehre B r a u n - B l a n q u e t s stelle ich diesen Fichtenwald zum A l n e t u m g l u t i n o s o - i n c a n a e B r. - B l. 1 9 1 5, und zwar zur Subassoziation „fraxinetosum“ und innerhalb dieser zur *Picea excelsa*-Subassoziation; also zum A l n e t u m g l u t i n o s o - i n c a n a e Br.-Bl. 1915 p i c e e t o s u m.

Als Charakterarten haben sich hier zusammengefunden:

Clematis Vitalba	*Agropyron caninum*
Humulus Lupulus	*Mnium undulatum*
Brachypodium silvaticum	

Differenzialarten dieser Subassoziation sind:

Picea excelsa	*Vaccinium Myrtillus*
Oxalis Acetosella	*Galium scabrum*
Majanthemum bifolium	*Rhytidiadelphus triquetrus.*

Fichtenwald, im Schwarzerlen-Unterhangwald hochgekommen.

Einen bodenfeuchten Fichtenwald untersuchte ich in Kärnten auf einem schwach nach Norden geneigten Schuttkegel ober Ostriach am Ossiacher See und fand auf 100 m² folgenden floristischen Aufbau:

B a u m s c h i c h t : Bestockung

Picea excelsa	0,7	*Fraxinus excelsior*	0,1
Alnus glutinosa	0,2		

S t r a u c h s c h i c h t :

Picea excelsa	3.2	*Viburnum Opulus*	+.2
Alnus glutinosa	2.3	*Ligustrum vulgare*	+.2
Cornus sanguinea	1.2		

K r a u t s c h i c h t :

Rubus sp. (Brombeere)	4.5	*Athyrium Filix-femina*	2.2
Stachys silvatica	3.2	*Aegopodium Podagraria*	1.2
Impatiens Noli-tangere	3.2	*Chaerophyllum Cicutaria*	1.2

Stellaria nemorum	1.2	*Picea excelsa*	+
Oxalis Acetosella	1.2	*Dryopteris austriaca* ssp. *spinulosa*	+
Myosotis silvatica	1.1	*Viola silvestris*	+
Lastrea Phegopteris (= *Dryopteris Phegopteris*)	+.2	*Carex silvatica*	+
Corylus Avellana	+	*Lycopus europaeus*	+
Dryopteris Filix-mas	+	*Urtica dioica*	+
Mycelis muralis	+	*Circaea lutetiana*	+
Chrysosplenium alternifolium	+	*Festuca gigantea*	+
		Brachypodium silvaticum	+

Vergleichende Untersuchungen zeigten mir, daß wir es mit einem bodenfeuchten Fichtenwald zu tun haben, der sich über einen Schwarzerlen-Eschen-Mischwald entwickelt hat und früher oder später zum Rotbuchen-Tannen-Fichten-Mischwald sich weiter entwickeln würde. (Alnetum glutinosae superirrigatum ↗ PICEETUM fraxinetosum ↗ Abieteto-Fagetum).

Dieser bodenfeuchte Fichtenwald ist also im Schwarzerlen-Unterhangwald hochgekommen und würde sich früher oder später zum Rotbuchen-Tannen-Fichten-Mischwald weiter entwickeln.

Diese Weiterentwicklung zum Rotbuchen-Mischwald läuft parallel mit der Abnahme der Bodenvernässung und Zunahme der Bodendurchlüftung und des Nährstoffhaushaltes.

Daraus folgern wir, daß alle Einflüsse, welche die Bodenvernässung begünstigen (wie z. B. Kahlschlag, Lichtung des Waldes, Waldweide), die Vegetationsentwicklung vom minderwertigen Schwarzerlenwald zum wertvollen Rotbuchen-Tannen-Fichten-Mischwald aufhalten. Es muß ja so sein, denn Kahlschlag und starker Lichtungsbetrieb vernässen schon darum den Boden, weil dadurch die wasserverdunstende Wirkung des Waldbestandes herabgesetzt wird. Der Waldweidebetrieb drückt den Boden sehr zusammen und verdichtet und vernäßt ihn damit. Wenn der die Waldentwicklung einleitende Schwarzerlen-Unterhangwald ungestört bleibt, steigt durch den Bestandesabfall und das zunehmende Bodenleben die Bodendurchlüftung.

Insbesondere erhöht sich diese um den Fuß der Erlenstämme, wo der Viehtritt nicht hinkommt. Hier geht neben einer Humusanreicherung stets eine Anreicherung durch Mikroorganismen, aber auch eine durch größere Insekten und durch Mäuse bedingte auffallende Lockerung des Bodens vor sich.

So ist es verständlich, daß sich in solchen beweideten Schwarzerlenwäldern die ankommende Jugend des Fichtenwaldes um die Stämme herum zuerst einfindet und daß von hier aus zentrifugal auch der übrige Boden langsam erobert wird.

Allerdings ist die Beweidung dem natürlichen Übergang oder der künstlichen Überführung in einen wirtschaftlich besseren Mischwald in hohem Maße hinderlich, aber auch der Schaden, den das Wegfressen des Unterholzes und Niederwuchses durch Verlangsamung der Humusbildung und das Zerstampftwerden des Bodens durch Herabsetzung der Luftkapazität verursacht.

Wir haben also hier einen Mosaikkomplex vor uns, in dem um die Stämme auf den erhöhten Stellen die anspruchsvolleren Arten und auf den nassen Stellen die Arten des bodennassen Schwarzerlenwaldes sich ansiedeln.

Dem ist es zuzuschreiben, daß dieser bodenfeuchte Fichtenwald bodennasse Stellen besitzt und entsprechend seinem mosaikartigen Aufbau kleinflächig zu bewirtschaften ist.

An Stellen, die sehr beweidet werden, treten in diesem Fichtenwalde vor allem bodenfeuchte Arten auf, so insbesondere:

Lycopus europaeus,
Equisetum palustre,
Carex remota,
Lysimachia vulgaris,
Chrysosplenium alternifolium,
Juncus effusus,
Filipendula Ulmaria,
Mentha aquatica,
Caltha palustris,
Cirsium palustre,
Deschampsia caespitosa,
Solanum Dulcamara,
Chaerophyllum Cicutaria,
Lythrum Salicaria,
Myosotis palustris,
Mnium undulatum,
Climacium dendroides.

Dagegen treten um die Stammfüße Arten auf, die in den Fichtenwäldern besonders hervortreten, so zum Beispiel:

Oxalis Acetosella,
Picea excelsa,
Rhytidiadelphus triquetrus,
Majanthemum bifolium,
Dryopteris spinulosa,
Pleurozium Schreberi.

Wir müssen uns die Weiterentwicklung des Schwarzerlenwaldes zum Fichtenwald so vorstellen, daß da und dort an einer bodentrockeneren Stelle — mag sie von Wurzelanläufen und Bulten der Schwarzerle oder von einem Steinblock oder einem niedergefallenen Ast oder einer Anhäufung des Bestandesabfalles herrühren — zuerst Arten aufkommen, welche an die Bodendurchlüftung größere Ansprüche stellen. Von hier breiten sich diese Arten des Fichtenwaldes zentrifugal aus und erobern den übrigen Boden des Schwarzerlenwaldes.

Wir dürfen aber diesen Schwarzerlen-Unterhangwald auf keinen Fall den Schwarzerlen-Bruchwäldern im Verlandungsgebiet unserer Seen, Teiche oder Wasseransammlungen in Mulden und Gräben gleichstellen, wo das Wasser zusammenfließt und stagniert. Die Schwarzerlen-Unterhangwälder besitzen fließendes oder zumindest sickerndes Wasser und besitzen daher Böden, die um vieles sauerstoffreicher sind als die Böden der Schwarzerlen-Bruchwälder. Dem ist es zuzuschreiben, daß in Schwarzerlen-Unterhangwäldern im Zuge der Vegetationsentwicklung auch tiefwurzelnde Holzarten aufkommen können, welche an die Bodendurchlüftung große Ansprüche stellen (z. B. Rotbuche), während in Schwarzerlen-Bruchwäldern tiefwurzelnde Holzarten erst nach Senkung des Grundwassers aufkommen können. Sei es, daß das Grundwasser künstlich abgesenkt wird oder durch Ausbleiben des Wasserzuflusses oder durch den Aufbau des Bestandesabfalles absinkt.

Unser Fichtenwald ist im Schwarzerlen-Unterhangwald aufgekommen und zeigt, wie aus dem floristischen Aufbau zu ersehen, noch große Beziehungen zum Schwarzerlenwald.

Ich stelle ihn, da er in seinem floristischen Aufbau näher dem Schwarzerlen-Eschen-Mischwald steht als dem Rotbuchenwald zur bodenfeuchten Ausbildung „PICEETUM fraxinetosum“.

Abieteto-Fagetum

↑

Piceetum fagetosum

↑

Piceetum fraxinetosum

↑

Alneto-Fraxinetum piceetosum

↑

Alneto-Fraxinetum

↑

Alnetum glutinosae fraxinetosum

↑

Alnetum glutinosae superirrigatum

Hört nun der Weideeinfluß auf, so verlieren auch die zwischen den einzelnen Fichtenbäumen vom Weidevieh zusammengetretenen und somit nassen Stellen ihre Bodenvernässung, werden in zunehmendem Maße durchlüftet und damit hier im Klimagebiet des Rotbuchenwaldes auch für Rotbuche und Tanne bewohnbar.

Damit läuft die Vegetationsentwicklung vom Fichtenwald mit Rotbuchen-Unterwuchs zum kräuterreichen Rotbuchen-Tannen-Fichten-Mischwald. Aus dieser Untersuchung ersehen wir, daß unser bodenfeuchter Fichtenwald im Rotbuchen-Klimagebiet gelegen ist und nur als Stadium der Waldentwicklung zu betrachten ist.

An seiner Stelle könnten wir setzen:

1. einen Schwarzerlen-Reinbestand oder
2. einen Eschen-Reinbestand.

Erst wenn nach Unterbleiben des Waldweidebetriebes der Boden seine Vernässung verloren hat, krümelig geworden ist und im Unterwuchs an Stelle der vielen, eine große Bodenvernässung anzeigenden Arten, die für den Rotbuchenwald so bezeichnenden Arten hervortreten, kann an eine Überführung des Fichtenreinbestandes in einen Rotbuchen-Tannen-Fichten-Mischwald gedacht werden. Würden wir unseren Fichtenwald kahlschlagen, so würde die wasserentziehende Wirkung des Waldes aufhören, der Boden würde stark vernässen und der Fichtenwald würde zum bodennassen Schwarzerlen-Unterhangwald degradiert werden.

So müssen wir aus dieser Betrachtung folgern, daß auf solchen, zur Bodenvernässung neigenden Böden im Interesse der raschen Bodenbildung und Vegetationsentwicklung die Waldweidenutzung schon darum zu unterbleiben hat, damit die natürliche Vegetationsentwicklung zum Rotbuchen-Tannen-Fichten-Mischwald rasch vor sich gehen kann. An dieser rasch vor sich gehenden Vegetationsentwicklung sind wir schon darum sehr interessiert, weil der Fichten-Reinbestand als Stadium dieser Vegetationsentwicklung frühzeitig kernfaul wird und daher nur in kurzer Umtriebzeit bewirtschaftet werden darf. Dazu kommt, daß auf solchen Böden die Bewurzelung der Fichte besonders flach ist und der Fichten-Reinbestand in zunehmendem Maße dem Winde weniger Widerstand zu leisten vermag und geworfen wird.

Im Sinne der Charakterartenlehre Braun-Blanquets haben wir es hier mit keinem Piceetum zu tun, sondern mit einer Assoziation des Verbandes Alneto-Ulmion Br.-Bl. u. Tx. 1943.

Es handelt sich hier um einen Verband, dessen Assoziationen insbesondere *Alnus incana, Alnus glutinosa, Fraxinus excelsior* beherbergen und Böden besiedeln, welche dauernde starke Bodendurchnässung besitzen.

Innerhalb dieses Verbandes steht unser Fichtenwald dem Alnetum glutinoso-incanae Br.-Bl. 1915 nahe, und zwar der Subassoziation „cornetosum sanguineae".

Von Charakterarten dieser Assoziation sind in unserem Fichtenwalde vorhanden:

Circaea lutetiana	*Brachypodium silvaticum*
Stachys silvatica	*Impatiens Noli-tangere*
Festuca gigantea	*Aegopodium Podagraria*

Differenzialarten der Subassoziation „cornetosum sanguineae" sind:

Cornus sanguinea	*Fraxinus excelsior*
Ligustrum vulgare	*Viburnum Opulus.*

Durch das reichliche Hervortreten von *Picea,* stellen wir diesen Einzelbestand zur „*Picea*"-Fazies; also zum:

Alnetum glutinoso-incanae Br.-Bl. 1915 cornetosum sanguineae piceetosum.

Selbstverständlich ist dieser Einzelbestand nur sehr fragmentarisch entwickelt; weil die dichte Fichtenbestockung dem Aufkommen lichtbedürftiger Arten hindernd im Wege steht.

Einen bodenfeuchten Fichtenwald, der im Schwarzerlen-Bruchwald aufgekommen ist, untersuchte ich im nördlichen Verlandungsgebiet des Titisees im Feldberggebiet des südlichen Schwarzwaldes, 880 m ü. M.

Floristischer Aufbau:

Baumschicht:		Bestockung:	0.8
Picea excelsa	5.5	*Betula pubescens*	0.1
Strauchschicht:			
Alnus glutinosa	1.1⁰	*Salix cinerea*	+
Fichtenwaldpflanzen:			
Melampyrum silvaticum	1.1	*Listera cordata*	+
Pirola uniflora	+		
Bodensaure Pflanzen:			
Oxalis Acetosella	1.2	*Luzula pilosa*	+
Deschampsia flexuosa	+	*Solidago Virgaurea*	+
Vaccinium Myrtillus	+.2	*Potentilla erecta*	+
Vaccinium Vitis-idaea	+		

Bodenfeuchte Pflanzen:

Alnus glutinosa	+	*Filipendula Ulmaria*	+
Comarum palustre	+	*Valeriana dioica*	+

Anspruchsvolle Laubwaldarten:

Anemone nemorosa	+

Begleiter:

Sorbus aucuparia	+	*Rhamnus Frangula*	+

Moosschicht:

Rhytidiadelphus triquetrus	5.5	*Hylocomium splendens*	+.2
Dicranum scoparium	1.2	*Sphagnum cymbifolium*	+.2
Mnium undulatum	1.1	*Polytrichum formosum*	+
Plagiochila asplenioides	1.1		

Wir haben hier einen Fichtenwald vor uns, der sich über einen Schwarzerlen-Bruchwald heraufentwickelt hat (Alnetum glutinosae paludosum ↗ PICEETUM). Die Fichte bedeckt lebenskräftig den Boden, begleitet von der Moorbirke, die allerdings von ihr eingeengt ein kümmerliches Dasein fristet. Die Schwarzerle säumt den Bestandesrand ein und kommt im Fichtenwalde nur in der Strauchschicht wenig lebenskräftig wachsend vor.

Plagiochila asplenioides, herrschend, begleitet von *Dicranum scoparium*, besiedelt frischen Fichtenwaldboden.

Im Niederwuchs finden wir entsprechend diesem Entwicklungsgang neben Resten des Schwarzerlen-Bruchwaldes (*Alnus glutinosa, Comarum palustre, Valeriana dioica*) auch Charakterarten des Fichtenwaldes (*Melampyrum silvaticum, Pirola uniflora, Listera cordata*).

Der Haushalt dieses Fichtenwaldes ist gekennzeichnet durch seine Lage in der Fichtenstufe, durch den hochanstehenden Grundwasserstand und durch den mineralarmen Bruchwaldboden.

Die Vegetationsentwicklung verläuft hier schematisch dargestellt folgend:

Fichtenwald

Fichtenwald mit unterdrückten Schwarzerlen

Schwarzerlen-Bruchwald mit Fichten-Unterwuchs

Schwarzerlen-Bruchwald

Salix-cinerea-Buschwald

Wirtschaftliche Folgerungen: Dieser Fichtenwald muß so pfleglich wie möglich bewirtschaftet werden, da er durch sehr hoch anstehenden Grundwasserstand sehr zur Vernässung neigt.

Kahlschlag begünstigt die Rückentwicklung zum Schwarzerlen-Bruchwald.

Im Sinne der Charakterartenlehre Braun-Blanquets haben wir es hier mit einem Fichtenwald zu tun.

Er gehört auf Grund der Ordnungs-Charakterarten

Vaccinium Myrtillus
Vaccinium Vitis-idaea

der Vaccinio-Piceetalia-Ordnung an und auf Grund der Verbands-Charakterarten:

Picea excelsa
Listera cordata
Pirola uniflora
Melampyrum silvaticum

zum Vaccinio-Piceion-Verband.

Innerhalb dieses Verbandes gehört unser Fichtenwald zum Unterverband Abieto-Piceion Br.-Bl. 1939, weil die Vaccinien stark zurücktreten und montane Arten auftreten.

Ich stelle unseren Fichtenwald daher zum Piceetum montanum Br.-Bl. 1938 und innerhalb dieses zur *Alnus glutinosa*-Subassoziation; also zum Piceetum montani alnetosum glutinosae.

Als Differenzialarten dieser Subassoziation stelle ich hinaus:

Alnus glutinosa
Salix cinerea
Comarum palustre
Valeriana dioica.

Fichtenwald, im Schwarzerlen-Bruchwald hochgekommen.

Einen solchen bodenfeuchten Fichtenwald untersuchte ich in der Verlandung des Schloßteiches der Ruine Landskron ob St. Andrä bei Villach und fand folgenden floristischen Aufbau:

Baumschicht:

Picea excelsa, 14 m hoch, 0,8 bestockt.

Strauchschicht:

Alnus glutinosa	1.2°	*Sorbus aucuparia*	+
Rhamnus Frangula	1.1	*Viburnum Opulus*	+°
Fraxinus excelsior	1.1		

Niederwuchs:

Oxalis Acetosella	2.3	*Peucedanum palustre*	1.1
Deschampsia caespitosa	2.2	*Lysimachia vulgaris*	1.1
Solanum Dulcamara	2.1	*Cirsium oleraceum*	1.1
Lastrea Thelypteris		*Angelica silvestris*	1.1
(= Dryopteris Thelypteris)	1.2	*Eupatorium cannabinum*	1.1
		Cirsium palustre	1.1
Vaccinium Myrtillus	1.2	*Orchis maculata*	1.1
Majanthemum bifolium	1.2	*Pirola secunda*	+.2
Galium scabrum		*Pirola uniflora*	+.1
(= G. rotundifolium)	1.2	*Anemone nemorosa*	+

Moosschicht:

Rhytidiadelphus loreus	3.4	*Dicranum scoparium*	2.2
Rhytidiadelphus triquetrus	2.3	*Pleurozium Schreberi*	1.4
Climacium dendroides	2.3	*Polytrichum juniperinum*	1.3

Aus diesem floristischen Aufbau geht hervor, daß im Unterwuchs Arten vorherrschen, die an den Wasser- und Nährstoffhaushalt mehr oder weniger große Ansprüche stellen. *Fraxinus excelsior, Cirsium oleraceum, Angelica silvestris, Eupatorium cannabinum, Orchis maculata, Climacium dendroides.*

Wir befinden uns also in einem bodenfeuchten Fichtenwald. Die Frage nach seinem Vorwald wird durch die Anwesenheit zahlreicher Pflanzen geklärt, die mit Vorliebe in Schwarzerlen-Bruchwäldern vorkommen, und durch die Schwarzerle selbst, die besonders in Lichtungen hervortritt. *Alnus glutinosa, Rhamnus Frangula, Viburnum Opulus, Peucedanum palustre, Lastrea Thelypteris (= Dryopteris Thelypteris), Solanum Dulcamara, Deschampsia caespitosa, Lysimachia vulgaris, Cirsium palustre.*

Die vielen Arten des Schwarzerlenwaldes, das herrschende Hervortreten der Fichte in der Baumschicht und die für den Fichtenwald besonders bezeichnenden Arten *Oxalis Acetosella, Vaccinium Myrtillus, Pirola secunda, Pirola uniflora, Majanthemum bifolium, Galium scabrum (= G. rotundifolium), Rhytidiadelphus loreus, Rhytidiadelphus triquetrus, Pleurozium Schreberi, Dicranum scoparium, Polytrichum juniperinum,* deuten darauf hin, daß wir es mit einem Fichtenwald zu tun haben, der sich aus dem Schwarzerlen-Bruchwald entwickelt hat.

Wir haben also einen Fichten-Bruchwald vor uns, der im Schwarzerlen-Bruchwald aufgekommen ist und infolge des hochanstehenden Grundwassers sich nicht weiter entwickeln wird (Alnetum glutinosae paludosum ↗ PICE-ETUM fraxinetosum excelsioris).

Dieser Wald hat sich folgend entwickelt:

Wir treffen diese Bruchwald-Fichtenwälder in der mittleren und in der oberen Laubwaldstufe und in der unteren Nadelwaldstufe.

W i r t s c h a f t l i c h e F o l g e r u n g e n : Dieser Fichtenwald wurzelt infolge des hohen Grundwasserstandes sehr oberflächlich und muß in kurzer Umtriebszeit (50–60 Jahre) bewirtschaftet werden.

Bei Kahlschlag würde der Boden sehr vernässen und die Schwarzerle würde von selbst wieder aufkommen.

Würde man diesen Boden der landwirtschaftlichen Nutzung zuführen, so käme nur Grünlandwirtschaft in Frage, da für Ackerung der Boden zu naß ist und bei Beweidung stark vernässen würde. In der Wiesenwirtschaft dürfte der Boden auf keinen Fall gewalzt werden, weil die Walzung den Boden vernässen und seiner Durchlüftung berauben würde.

H o l z a r t e n w a h l : Wenn auch die Fichte standortsgemäß ist, so empfiehlt es sich, die einzelnen Fichtenwaldgenerationen durch eine Schwarzerlen-Vorkultur zu unterbrechen. Die Schwarzerlen-Vorkultur entnimmt dem Boden durch seine pumpende Wirkung sehr viel Wasser, durchlüftet ihn und regt durch seine Luftstickstoff-bindenden Wurzelknöllchen das Bodenleben an.

Als Waldtypen kämen hier in Frage:

1. Fichtenwald;
2. Eschenwald mit Schwarzerlen-Bodenschutzholz;
3. Schwarzerlenwald;
4. Eschenbruchwald.

Schematische Darstellung: Fichtenwald im Schwarzerlen-Bruchwald aufgekommen (Scirpeto-Phragmitetum ↗ Salicetum cinereae ↗ Alnetum glutinosae paludosum ↗ Piceetum).

Im Sinne der Charakterartenlehre Braun-Blanquets stelle ich diesen Fichtenwald auf Grund der Charakterarten:

Galium scabrum — *Pirola secunda*
Pirola uniflora — *Rhytidiadelphus loreus*

ebenfalls zum Piceetum montanum Br.-Bl. 1938 und auf Grund der Differenzialarten:

Alnus glutinosa — *Lastrea Thelypteris*
Rhamnus Frangula — *Lysimachia vulgaris*
Viburnum Opulus — *Cirsium palustre*
Peucedanum palustre — *Orchis maculata*

zur Subassoziation: Piceetum montanum alnetosum glutinosae.

Im Zuge der Seenverlandung kommt die Fichte im Schwarzerlenbruchwald auf (Alnetum glutinosae paludosum ↗ PICEETUM).

Einen anderen bodenfeuchten Fichtenwald, der im Schwarzerlen-Bruchwald aufgekommen ist, untersuchte ich in einer Bodenmulde auf Silikat-Grundmoränenboden östlich Villach bei Seebach, nördlich Magdalener See.

Floristischer Aufbau:

Baumschicht:

Picea excelsa	5.5
Alnus glutinosa	1.1[0]

Strauchschicht:	
Abies alba	1.1
Fagus silvatica	1.1
Picea excelsa	1.1
Niederwuchs:	
Oxalis Acetosella	5.5
Ajuga reptans	2.1
Veronica Chamaedrys	2.1
Homogyne alpina	1.3
Luzula pilosa	1.2
Majanthemum bifolium	1.1
Picea excelsa	1.1
Geum urbanum	1.1
Alnus glutinosa	1.1
Mycelis muralis	1.1
Viola silvestris	1.1
Sanicula europaea	1.1
Vaccinium Myrtillus	+.2
Galium scabrum	+.2
Melica nutans	+.2
Lastrea Dryopteris	+.2
Athyrium Filix-femina	+.2
Actaea spicata	$+^{0}$
Vaccinium Vitis-idaea	+
Solanum Dulcamara	+
Epilobium montanum	+
Lapsana communis	+
Dryopteris spinulosa	+
Urtica dioica	+
Prunella vulgaris	+
Moosschicht:	
Mnium undulatum	1.2
Rhytidiadelphus triquetrus	1.2
Pleurozium Schreberi	1.2
Hylocomium splendens	1.2

Aus diesem floristischen Aufbau geht hervor, daß im Unterwuchs neben den wenigen bodenfeuchten Arten *Alnus glutinosa, Geum urbanum, Solanum Dulcamara, Mnium undulatum* die anspruchsvollen Arten des Laubmischwaldes vorherrschen, *Fagus silvatica, Picea excelsa, Ajuga reptans, Veronica Chamaedrys, Mycelis muralis, Viola silvestris, Sanicula europaea, Actaea spicata, Epilobium montanum, Lapsana communis, Melica nutans, Lastrea Dryopteris (= Dryopteris disjuncta), Dryopteris spinulosa, Athyrium Filix-femina, Urtica dioica, Prunella vulgaris.*

Die für den Fichtenwald so bezeichnenden Arten treten zurück, Charakterarten fehlen vollkommen.

Wir haben also einen bodenfeuchten Fichtenwald vor uns, der im Schwarzerlenbruchwald aufgekommen ist und schon nahe dem Buchen-Tannenwald steht (Alnetum glutinosae paludosum ↗ PICEETUM fagetosum oxalidosum Acetosellae ↗ Abieteto-Fagetum).

Dieser Wald zeigt im Kältebecken dieser Bodenmulde folgende Entwicklungstendenz:

1. Schwarzerlenbruchwald mit Fichten-Unterwuchs
2. Fichtenwald den Schwarzerlen-Bruchwald überwachsend
3. Fichtenwald mit Tannen-Rotbuchen-Unterwuchs
4. Rotbuchen-Tannen-Fichten-Wald.

Dieser Fichtenwald liegt also entsprechend dem Schema der Vegetationsentwicklung dem Rotbuchen-Tannen-Mischwald schon sehr nahe, d. h. sein Boden wäre ohne weiters schon in der Lage, einem Rotbuchen-Tannen-Fichten-Mischwald Lebensbedingungen zu bieten.

Im Hinblick auf das Klima gehört er der oberen Buchenstufe an, in der die Vegetationsentwicklung zum Rotbuchen-Tannen-Mischwald über den Fichtenwald verläuft.

Wirtschaftliche Folgerungen: Dieser Fichtenwald sollte in einen Tannen-Rotbuchen-Fichten-Mischwald übergeführt werden.

Die Einhänge dieser Bodenmulde dürften auf keinen Fall kahl geschlagen werden, weil in diesem Falle das überschüssige Wasser die Mulde vernässen und ihr Boden die Durchlüftung verlieren würde.

Auf Bruchwaldboden siedelt die Fichte sehr flach und wird vom Wind leicht geworfen. Es muß alles unternommen werden, um den Bruchwaldboden durch Schwarzerlenvorkultur tiefgründig zu durchlüften.

Die Folge wäre, daß durch diese Bodenvernässung die anspruchsvollen Arten des Rotbuchen-Tannen-Mischwaldes ihre Lebenskraft verlieren und den Platz räumen müßten. Die Fichten, welche große Ansprüche an die Bodendurchlüftung stellen und Bodenvernässung nicht ertragen können, würden ebenfalls ihre Lebenskraft verlieren und allen möglichen Schädigungen unterliegen. Der erkrankte Fichtenwald müßte geschlagen werden und die Schwarzerle würde sich sekundär ausbreiten.

Aus diesen Erfahrungen ersehen wir, wie sehr die Bewirtschaftung der Hangwälder die Wälder des Talbodens beeinflussen kann. Sollte sich in diesem Falle die Schwarzerle nicht gleich einstellen, so müßte die Forstwirtschaft eingreifen und von sich aus den natürlichen Gang der sekundären Vegetationsentwicklung durch Schwarzerlen-Voranbau beschleunigen.

Im Verlandungsgebiet am Westufer des Faaker Sees unterbindet die jährliche Streunutzung die Waldentwicklung vom Schwarzerlen-Bruchwald zum Fichtenwald. Nur an der Grenze der Mahd halten sich mosaikartig der Schwarzerlen-Bruchwald und einzelne restliche Fichten.

Auf keinen Fall dürfen die vernäßten, luftarmen Bodenmulden mit Fichte, Rotbuche oder Tanne angeforstet werden.

Wohl aber ist es möglich, im Schutze der Schwarzerle, unter Ausnutzung der bodenverbessernden Wirkung dieser Holzart, das Stadium des reinen Fichtenwaldes zu überspringen und den Rotbuchen-Tannen-Fichten-Mischwald aufzubringen. Dies ist aber erst dann möglich, wenn im Unterwuchs die anspruchsvollen Begleiter des Rotbuchen-Tannen-Fichten-Mischwaldes stark hervortreten und die für den Schwarzerlenwald so bezeichnenden Arten zurückgetreten sind.

Im Sinne der Charakterartenlehre Braun-Blanquets haben wir es hier wieder mit einem Fichtenwald der montanen Stufe zu tun; also mit einem Fichtenwald des Unterverbandes Abieto-Piceion Br.-Bl. 1939.

Ich stelle ihn ebenfalls zum Piceetum montanum, und zwar zur Galium rotundifolium-Subassoziation Br.-Bl. 1938.

Als Assoziations-Charakterarten treffen wir hier:

Homogyne alpina
Galium scabrum (= G. rotundifolium)
Lastrea Dryopteris.

Windwurf wirft die flachwurzelnde Fichte.

Als Verbands- und Ordnungs-Charakterarten treffen wir hier:

Picea excelsa
Vaccinium Myrtillus
Vaccinium Vitis-idaea.

Differenzialarten dem Piceetum subalpinum gegenüber sind:

Fagus silvatica
Mycelis muralis
Viola silvestris
Sanicula europaea
Actaea spicata
Epilobium montanum
Abies alba.

Als Differenzialarten für die Beziehung des Piceetums zum Alnetum glutinosae paludosum treffen wir in unserem Fichtenwald:

Alnus glutinosa
Solanum Dulcamara
Mnium undulatum.

Auf anmoorigem Boden mit hochstehendem Grundwasser wurzelt die Fichte überaus flach, weil ihre Wurzeln die Luftarmut des vernäßten Unterbodens nicht ertragen können. Auf solchen Böden ist sie durch Windwurf besonders gefährdet.

IV. Gruppe der Hochmoor-Fichtenwälder, die feuchte nährstoffarme Böden besiedeln (PICEETUM turfosum).

Die Beziehungen dieses Hochmoor-Fichtenwaldes gehen aus folgender schematischen Darstellung hervor:

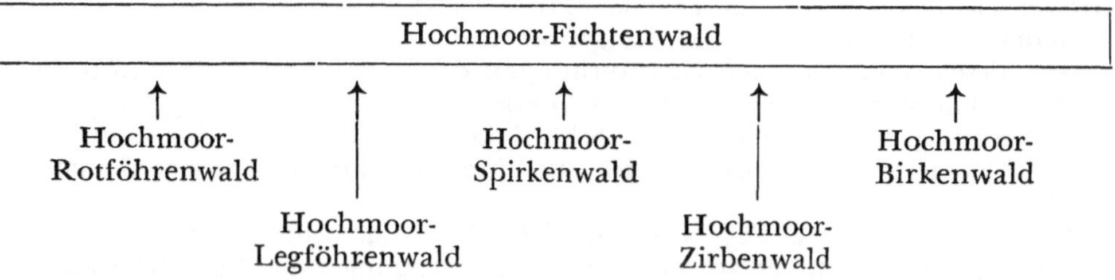

B e i s p i e l : Einen Fichtenwald dieser Gruppe untersuchte ich im südlichen Schwarzwald bei Hinterzarten im Feldberggebiet.

Der Boden dieses Fichtenwaldes war feucht, aber wie ich aus dem völligen Fehlen anspruchsvoller Arten ersehen konnte, sehr nährstoffarm. So ist es zu verstehen, daß im Unterwuchs dieses Fichtenwaldes hervortraten: die Heidelbeere *(Vaccinium Myrtillus)*, die Rauschbeere *(Vaccinium uliginosum)*, die

Preißelbeere *(Vaccinium Vitis-idaea)*, begleitet von Arten, die weniger zahlreich hervortraten, wie dem Kleinen Zweiblatt *(Listera cordata)*, dem Einblütigen Wintergrün *(Pirola secunda)*, der Korallenwurz *(Corallorhiza trifida)*, dem Sprossenden Bärlapp *(Lycopodium annotinum)*, dem Tannen-Bärlapp *(Lycopodium Selago)*, dem Scheiden-Wollgras *(Eriophorum vaginatum)*, dem Wald-Wachtelweizen *(Melampyrum silvaticum)*, der Polei-Gränke *(Andromeda polifolia)*, dem Europäischen Siebenstern *(Trientalis europaea)*, die dicht umschlungen waren von einer Moosschicht, die völlig den Boden bedeckte. In dieser traten besonders hervor: verschiedene Torfmoose wie *Sphagnum acutifolium*, *Sph. medium*, *Sph. rubellum*, aber auch das Sumpf-Bürstenmoos *(Polytrichum commune)*, das Große Wurmmoos *(Plagiothecium undulatum)*, das Peitschenmoos *(Bazzania trilobata = Mastigobryum trilobatum)*, das Besenförmige Gabelzahnmoos *(Dicranum scoparium)*, das Helmbuschmoos *(Ptilium crista-castrensis)*, das Weißmoos *(Leucobryum glaucum)*, das Glanzmoos *(Hylocomium proliferum = H. splendens)*.

Besonders bezeichnend ist aber für diesen Wald, daß eine große Anzahl von wenig wuchsfreudigen Spirken von den Fichten in den Zwischenbestand gedrängt sind und infolge Beschattung geringe Lebenskraft zeigen.

Peter Stark hat diesen Moorwald genau untersucht und fand in den untersten Lagen, dem Kies oder Schotter aufliegend, massenhaft Wurzelstöcke des Schilfes. In etwas höheren Lagen des Moorbodens verschwinden die Schilfreste und es erscheinen Wurzelreste der Blasensimse *(Scheuchzeria palustris)*, des Scheiden-Wollgrases und reichlich Torfmoose. In den darüber liegenden Schichten werden die Torfmoose reichlicher, die Moosbeere tritt hinzu und verschiedene andere Heidegewächse, dazwischen Blütenpollen von Kiefer und Fichte. So können wir bei der Untersuchung dieses Moorbodens aus diesen Resten noch genau die Bodenbildung und Vegetationsentwicklung verfolgen.

Wir können dies aber auch aus der gürtelförmigen Anordnung der Hochmoorvegetation tun. Wenn wir das Hinterzartner Moor aus der Vogelschau betrachten, erkennen wir, daß es nicht überall den gleichen Vegetationsaufbau besitzt. Das ganze Moor umgibt ein Waldgürtel von Fichtenwald, der gegen die Mitte des Moores langsam in einen immer niedriger werdenden Spirkenwald übergeht und schließlich der *Calluna*-Heide Platz macht, die erst gegen die Mitte des Hochmoores zu vom Torfmoos-Moor abgelöst wird. Ganz in der Mitte ist offenes Wasser, von einem Großseggenbestand eingeschlossen.

Aus diesen vergleichenden Untersuchungen der sukzessiven (nach und nach aufeinanderfolgenden) und sukzedanen (nebeneinander erfolgenden) Vegetationsentwicklung, müssen wir zu dem Schluß kommen, daß unser Fichtenwald ein Hoochmoorfichtenwald ist, der sich aus einem Spirken-Hochmoorwald entwickelt hat.

Auch hier bleibt die Vegetationsentwicklung beim Fichtenwald auf weite Sicht gesehen stehen, da es zu einer Weiterentwicklung zum Bergahornwald oder Buchenwald mangels hinreichender Mineralstoffe im Boden in absehbarer Zeit nicht kommen kann.

Wir haben vor uns einen „Fichtenwald, der in Beziehung zum Spirken-Hochmoorwald" steht (Pinetum Mugi arboreae ↗ PICEETUM turfosum). Neben diesem Fichten-Hochmoorwald, der verschiedenen Unterwuchstypen an-

---

Schematische Darstellung: Fichte kommt in dem Zirben-Hochmoorwald hoch (Pinetum Cembrae turfosum ↗ Piceetum).

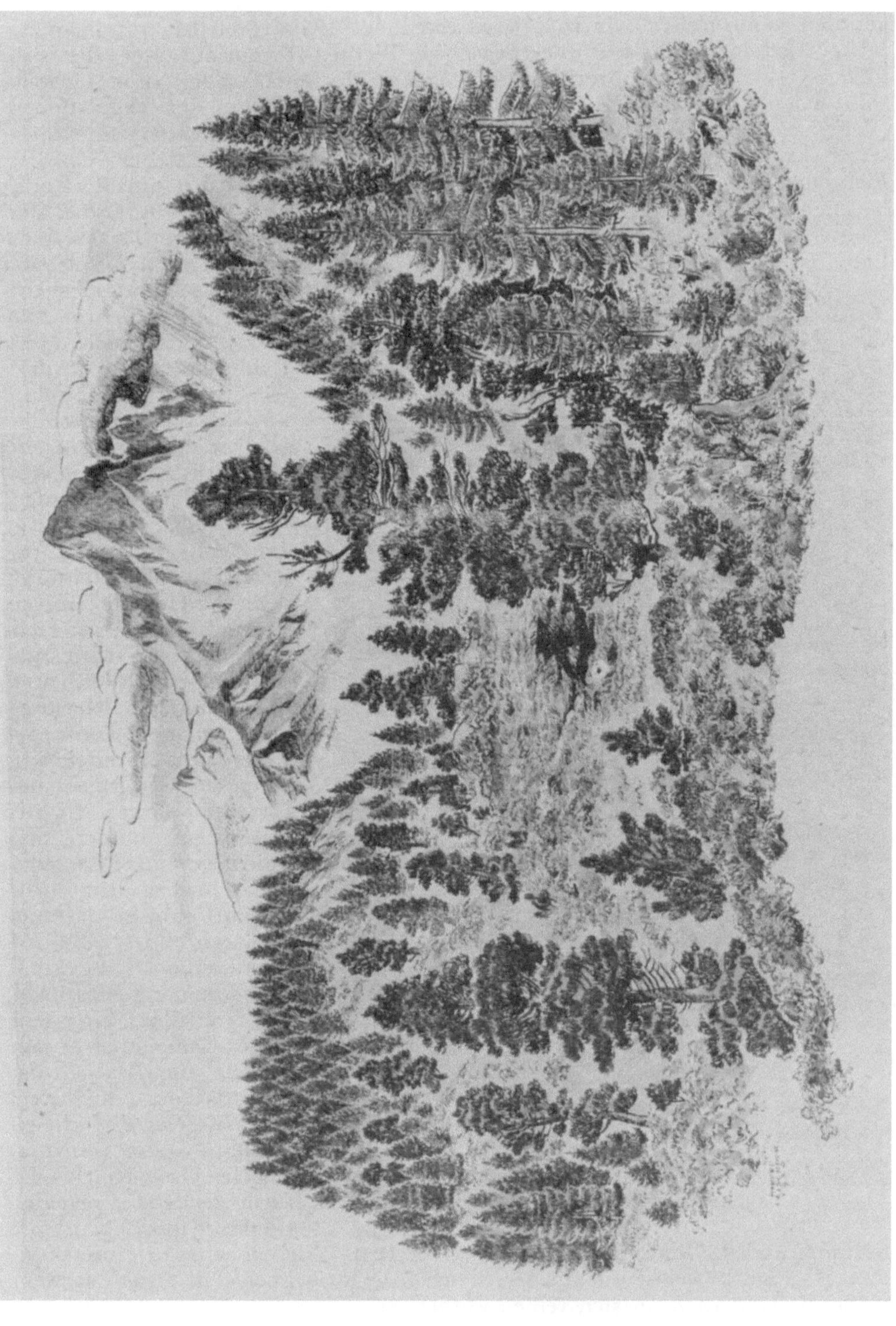

gehören kann, treffen wir in den verschiedenen Klimagebieten mit mannigfacher florengeschichtlicher Vergangenheit Fichten-Hochmoorwälder, die sich über Rotföhren-, Legföhren-, Zirben-, Birken-Hochmoorwälder zum Fichtenwald heraufentwickelt haben. Bei allen diesen Änderungen der Vegetationen (Vegetationsentwicklung) sehen wir, daß sich erst dann der Fichtenwald durchsetzen kann, wenn sich die Standortsbedingungen so geändert haben, daß der Fichtenwald seine Lebensbedürfnisse befriedigen kann. Werden die Standortsbedingungen durch menschliche Eingriffe so ungünstig beeinflußt, daß der Fichtenwald seine Bedürfnisse nicht mehr befriedigen kann, so verliert er seine Lebenskraft und macht jenen Wäldern Platz, aus denen er sich entwickelt hat. So können die vorstehend genannten Kiefern- und Birkenwälder auch durch Kahlschlag und andere bodenverschlechternde Eingriffe rückgeführte (degradierte) Wälder sein, die von Fichtenwäldern herabgewirtschaftet wurden.

Heidelbeer-reicher Fichtenwald (PICEETUM myrtilletosum turfosum) wurzelt sehr flach.

Wohl aber besitzt er die Tendenz zum sauerkleereichen Fichtenwald; denn die Heidelbeere verschwindet, wenn der Fichtenwald höher wird und sich dichter schließt, weil sie die starke Beschattung nicht ertragen kann. Im Unterwuchs breitet sich dann der Sauerklee aus. Demnach können wir hier unseren Fichtenhochmoorwald nennen:

„Pinetum Mugi arboreae turfosum vacciniosum uliginosi ↗ PICEETUM myrtillosum ↗ Piceetum oxalidosum Acetosellae."

Zweifellos ein sehr langer Name, aber er sagt für die Bewirtschaftung dieses Waldes sehr viel.

Würden wir diesen Wald völlig niederschlagen, so würde die zurückgebliebene Heidelbeerheide ihre Lebenskraft verlieren und der Rauschbeerheide Platz machen. Wir hätten dann eine sekundäre Hochmoor-Zwergstrauchheide, in der die Rauschbeere in zunehmendem Maße die Herrschaft an sich reißen würde:

„Piceetum myrtillosum ↘ Vaccinietum Myrtilli ↘ Vaccinietum uliginosi turfosum."

Wird nun die Rauschbeeren-Zwergstrauchheide sich selbst überlassen, so verjüngt sich in ihr nicht die Fichte, sondern wieder die Spirke. Erst wenn der Spirkenwald geschlossen den Boden überdeckt hat, vermag die Fichte im Unterwuchs dieses Waldes aufzukommen. Mit zunehmender Beschattung des Bodens wird die lichtbedürftigere Rauschbeere der schattenfesteren Heidelbeere weichen und wir hätten wieder sekundär einen heidelbeerreichen Hochmoor-Fichtenwald vor uns, wie folgendes Schema der Vegetationsentwicklung zeigt:

Heidelbeerreicher Hochmoor-Fichtenwald (Piceetum myrtillosum turfosum)	Sauerkleereicher Hochmoor-Fichtenwald (Piceetum oxalidosum Acetosellae turfosum)
↓ Kahlschlag	↑
Heidelbeer-Hochmoorheide (Vaccinietum Myrtilli turfosum)	Heidelbeerreicher Hochmoor-Fichtenwald (Piceetum myrtillosum turfosum)
↓	↑
	Hochmoor-Spirkenwald mit Fichten-Unterwuchs (Pinetum Mugi arboreae piceetosum)
↓	↑
Rauschbeeren-Hochmoorheide (Vaccinietum uliginosi turfosum)	Rauschbeerenreicher Hochmoor-Spirkenwald (Pinetum Mugi arboreae vacciniosum uliginosi)
└────────────────	───────────────┘ ↑

Zum sauerkleereichen Hochmoor-Fichtenwald kommt es sehr selten; denn immer wieder wird der Wald niedergeschlagen und damit wird der im obigen Schema der Vegetationsentwicklung aufgezeigte Kreislauf ausgelöst.

Es ist verständlich, daß es nach Kahlschlag immer wieder zum sekundären rauschbeerreichen Spirkenwald kommt; denn Fichte und Heidelbeere vermögen diesen sauren Hochmoorboden im Freistand nicht zu besiedeln.

Besonderen Eindruck macht der gute, nutzholztüchtige Wuchs der Moorbirke und der Höhenkiefer. Beide Holzarten vermögen nur auf diesem anmoorigen Boden Bestes zu leisten. Die Forstverwaltung des Stiftes Schlägl wird diesen beiden wertvollen Pionierholzarten ihr besonderes Augenmerk widmen.

Klar erkennen wir daraus, daß die verschiedenen Rassen unserer Bäume nur dann vollen Erfolg bringen, wenn sie in diejenigen Waldgesellschaften eingebracht werden, in denen sie sich ausgelesen haben.

Eine floristische Aufnahme eines solchen Fichtenwaldes der Bayrischen Au im Böhmerwald ergab folgenden Aufbau:

B a u m s c h i c h t :

Picea excelsa, Bestockung	0,8	*Pinus Mugo* subsp. *arborea*	+
Pinus silvestris, Bestockung	0,1	*Betula pubescens*	+

N i e d e r w u c h s :

Vaccinium Myrtillus	5.5	*Oxalis Acetosella*	+.2
Vaccinium Vitis-idaea	1.2	*Calamagrostis villosa*	+
Picea excelsa	1.1	*Trientalis europaea*	+
Vaccinium uliginosum	+.2		

M o o s s c h i c h t :

Sphagnum Girgensohnii	4.5	*Dicranum scoparium*	1.2
Polytrichum commune	1.2	*Hylocomium splendens*	+
Polytrichum formosum	1.2		

Wir haben hier einen Hochmoor-Fichtenwald vor uns, der bereits die Rotföhren und Spirken zurückgedrängt hat. In seinem Unterwuchs herrscht die Heidelbeere, begleitet von verschiedenen anspruchsvollen Pflanzen, wie z. B. *Oxalis Acetosella.* Die anspruchsvollere Heidelbeerheide hat die genügsamere, aber lichtbedürftigere Rauschbeerheide bereits zurückgedrängt.

Wir haben vor uns ein „Pinetum Mugi arboreae turfosum ↗ P I C E E T U M vacciniosum Myrtilli".

In diesem Falle ist der Hochmoor-Fichtenwald das zeitliche Schlußglied der Vegetationsentwicklung und zeigt keine Möglichkeit der Weiterentwicklung zum Rotbuchen-Tannen-Fichten-Mischwald.

Damit kommt der vegetationskundlichen Erfassung der verschiedenen forstlich wichtigen Pflanzengesellschaften allergrößte Bedeutung zu. Es genügt nicht, wenn wir in unseren Wäldern die besonders wertvollen Rassen unserer Bäume erfassen. Daneben müssen wir mit unserem ganzen vegetationskundlichen Rüstzeug die Frage klären, in welchen Pflanzengesellschaften die verschiedenen Rassen Bestes leisten.

Die Höhenkiefer unserer Moore und die Moorbirke werden nur auf den anmoorigen Böden diese hervorragende Wuchsleistung vollbringen; sie werden aber versagen, wenn sie in andere standortsfremde Waldgesellschaften eingebracht werden.

Einen anmoorigen Fichtenwald, der seine Vermoorung nicht dem hohen Grundwasserstande infolge Verlandung nährstoffarmer stehender Gewässer, sondern der sekundären Vermoorung infolge waldverwüstender Eingriffe auf nährstoffarmen quarzitischen Böden verdankt, konnte ich im oberösterreichischen Böhmerwald beim Schwarzenberg-Schwemmkanal nächst Zollamt Diendorf untersuchen. Dieser Fichtenwald zeigt folgenden floristischen Aufbau:

B a u m s c h i c h t :

Picea excelsa, Bestockung	0,9	30 Meter hoch
Fagus silvatica, Bestockung	0,1	20 Meter hoch
Abies alba	+	

N i e d e r w u c h s :

Vaccinium Myrtillus	5.5	*Oxalis Acetosella*	+.2
Lycopodium annotinum	2.5	*Luzula silvatica*	+.2
Calamagrostis villosa	2.2	*Picea excelsa*	+
Deschampsia flexuosa	1.2	*Homogyne alpina*	+
Listera cordata	1.1	*Lycopodium Selago*	+
Equisetum silvaticum	1.1	*Vaccinium Vitis-idaea*	+
Soldanella montana	1.1	*Abies alba*	+
Majanthemum bifolium	1.1	*Streptopus amplexifolius*	+
Dryopteris austriaca	+.2	*Trientalis europaea*	+

M o o s s c h i c h t :

Sphagnum Girgensohnii	4.5	*Dicranum scoparium*	1.3
Sphagnum cymbifolium	4.5	*Hylocomium splendens*	1.2
Sphagnum acutifolium	4.5	*Rhytidiadelphus loreus*	+.2
Pleurozium Schreberi	2.5	*Plagiothecium undulatum*	+.2
Bazzania trilobata	2.3	*Polytrichum commune*	+

Dieser anmoorige Fichtenwald besiedelt einen Gleyboden, also einen Boden, in dem die Höhe des Grundwassers immer wechselt.

Diesem Umstande ist es zuzuschreiben, daß die Fichte sehr flach wurzelt und durch Windwurf besonders gefährdet ist. Dem ist es auch zuzuschreiben, daß die Fichte besonders gerne auf vermoderten Stämmen und Stöcken aufkommt und daher Stelzenwurzeln bildet. Immer wieder konnten wir an den Wurzeltellern der vom Winde geworfenen Fichtenbäume den vermoderten alten Stock oder Stamm feststellen.

Aus vergleichenden Untersuchungen erfahren wir, daß wir es hier mit einem Fichtenmischwald zu tun haben, dessen Rotbuchen-Zwischenbestand nur als Ausschläge hochgekommen ist. Wir haben also einen sekundären Fichtenwald vor uns, der als Verwüstungsstadium des kräuterreichen, bodenfeuchten Rotbuchen-Tannen-Fichtenwaldes zu werten ist (Abieteto-Fagetum ↘ P I C E E T U M myrtillosum sphagnosum turfosum ↗ Abieteto-Fagetum).

Unser Ziel muß natürlich sein, diesen flachwurzelnden anmoorigen Fichtenwald wieder in einen kräuterreichen Rotbuchen-Tannen-Fichten-Mischwald überzuführen.

Wie könnten wir diesen besonders sturmgefährdeten heidelbeerreichen, anmoorigen Fichtenwald in einen weniger sturmgefährdeten, tiefwurzelnden Laubmischwald überführen?

Bevor wir diese Frage beantworten, müssen wir den Bodenzustand klären. Wir haben einen mineralstoffarmen, sauren, wenig durchlüfteten feuchten anmoorigen Boden vor uns.

Das herrschende Hervortreten von *Vaccinium Myrtillus, Lycopodium annotinum, Deschampsia flexuosa* läßt den Mangel an Mineralstoffen und damit den sauren Boden, das reichliche Auftreten von Torfmoosen läßt den sauren anmoorigen luftarmen Boden erkennen und *Equisetum silvaticum* zeigt uns, daß der Boden feucht ist.

Daraus schließen wir e r s t e n s, daß die Fichte in zunehmendem Maße durch Bodenverdichtung die Bodengüte noch mehr herabsetzen würde und in zunehmendem Maße durch Windwurf gefährdet wäre, z w e i t e n s, daß der

Auf moorigen Böden wurzelt die Fichte besonders flach und wird leicht vom Winde umgeworfen.

Durch Vorbau von tiefwurzelnden Holzarten (Moorbirke, Moorkiefer) muß der Boden tiefgründig aufgeschlossen werden.

Rotbuche und der Tanne der nährstoffarme, saure, luftarme Boden wenig zusagt. Der Boden könnte im Wege von anspruchsloseren, tiefwurzelnden Pionierholzarten aufgeschlossen und verbessert werden. Als Pionierholzarten kämen in Windwurfflächen in Frage:

1. die Schwarzerle *(Alnus glutinosa)*; denn sie vermag luftarmen, feuchten, nährstoffarmen Boden zu besiedeln und durch Stickstoffanreicherung zu verbessern;
2. die Moorbirke *(Betula pubescens)*; denn sie erträgt gleichfalls diesen anmoorigen, feuchten Boden und vermag ihn durch ihren Nährstoffkreislauf und Bestandsabfall zu verbessern;
3. die Höhenkiefer *(Pinus silvestris)*, eine bodenständige, gutwüchsige Rasse des Moorbodens.

Im anmoorigen Fichtenwald des Hufberges und in den anschließenden Blößen tritt der Siebenstern *(Trientalis europaea)* herrschend hervor.

Anzustreben wäre ein Höhenkiefern-Hauptbestand mit Schwarzerlen- und Moorbirken-Zwischenbestand.

Der Schwarzerle wären die weniger frostgefährdeten und nährstoffreicheren Böden zuzuteilen.

Haben wir diesen Vorwald hochgebracht und durch den Nährstoffkreislauf und Bestandesabfall die Bodengüte tiefgründig gehoben, so können wir im Schutze dieses Vorwaldes einen Rotbuchen-Tannen-Fichten-Wirtschaftswald aufbringen. Wenn dagegen eingewendet wird, daß es ja ein wahnsinniges Beginnen wäre, den so wuchsfreudigen, fast reinen Fichtenbestand in einen weniger wertvollen Mischwald überzuführen, so kann dazu gesagt werden, daß sich die vorherigen Ausführungen auf die Aufforstung der durch Windwurf bedingten Kahlflächen beziehen. Die Umwandlung ist allein schon aus der großen Windwurfgefahr, der die hier besonders flachwurzelnde Fichte ausgesetzt ist, eine Notwendigkeit der Wirtschaftssicherung. Gewollte Groß-Kahlschlagwirtschaft wäre hier schon darum abzulehnen, weil der Boden dadurch noch mehr vernässen würde.

Unser Fichtenwald ist in flachen Mulden und Talsohlen besonders verbreitet und wird auf Hängen, die ja meist einen tiefgründig durchlüfteten Boden besitzen, vom Rotbuchen-Tannen-Fichten-Mischwald immer wieder abgelöst.

So sehen wir auch, wie auf Hängen der reine Fichtenforst dem Boden niemals seine Durchlüftung so nehmen kann, wie in flachen Mulden und Talsohlen.

Die Erklärung liegt insbesondere darin, daß auf solchen Hängen auch die Fichte infolge der tiefreichenden Durchlüftung tief wurzelt und daher den Boden nicht so verdichtet. Bei pfleglicher Wirtschaft würde die H e i d e l b e e r e,

Im zu stark gelichteten Hochmoor-Fichtenwald breitet sich sekundär der Wollgras-reiche Moorheidelbeer-Bestand aus (Piceetum excelsae turfosum ↘ Vaccinietum uliginosi eriophorosum vaginati).

begleitet von den übrigen Rohhumuspflanzen, langsam an Lebenskraft verlieren und zurückgehen. *Oxalis Acetosella, Majanthemum bifolium* würden sich ausbreiten und verschiedene anspruchsvollere Arten, wie z. B. *Prenanthes purpurea, Ranunculus aconitifolius, Phyteuma nigrum* würden hinzukommen.

Damit würde langsam der anmoorige Fichtenwald mit dem Ausschlag-Rotbuchen-Zwischenbestand in einen wuchsfreudigen, kräuterreichen Rotbuchen-Tannen-Fichten-Mischwald übergehen.

Aus dem Aufbau des Fichtenwaldes erkennen wir klar, daß wir es mit einem sekundären Fichtenwald zu tun haben. Um aufzuzeigen, wie ein solcher Fichtenwald auf Grund von Charakterarten im Sinne der Schule B r a u n-B l a n q u e t zu fassen ist, möchte ich dies am Beispiel dieses Waldes zeigen:

So wie wir die Einzelarten auf Grund von familien-, gattungs- und artunterscheidenden Merkmalen fassen können, werden die Waldgesellschaften im Sinne der Schule Braun-Blanquet auf Grund von Ordnungs-, Verbands- und Assoziationscharakterarten gefaßt.

Auf Grund des Auftretens der Ordnungs-Charakterarten *Vaccinium Myrtillus, Homogyne alpina, Vaccinium Vitis-idea, Lycopodium Selago* stellen wir unseren Wald zur Ordnung Vaccinio-Piceetalia und auf Grund des Auftretens der Verbands-Charakterarten *Picea excelsa, Calamagrostis villosa, Sphagnum Girgensohnii, Lycopodium annotinum, Plagiothecium undulatum, Rhytidiadelphus loreus, Dryopteris austriaca* ssp. *dilatata, Streptopus amplexifolius, Listera cordata, Trientalis europaea* zum Vaccinio-Piceion-Verband. Auf Grund des Auftretens der Assoziations-Charakterarten *Bazzania trilobata, Soldanella montana* stellen wir unseren Wald im Sinne der Schule Braun-Blanquets zum Soldanelleto-Piceetum, das O. H. Volk im Jahre 1939 aus dem Bayrischen Wald erstmalig beschrieben hat.

Einen Hochmoor-Fichtenwald, welcher im Hochmoor-Rotföhrenwald aufgekommen ist, untersuchte ich auf der Wasserscheide im Arriachtal, 1130 m Seehöhe, ob Villach in Kärnten und fand folgenden floristischen Aufbau:

Baumschicht:			
Picea excelsa	4.3	*Pinus silvestris*	2.3
Strauchschicht:			
Betula pubescens	+	*Sorbus aucuparia*	+
Salix aurita	+		
Niederwuchs:			
Vaccinium Myrtillus	4.5	*Oxalis Acetosella*	+.2
Vaccinium Vitis-idaea	2.2	*Molinia coerulea*	+.2
Equisetum silvaticum	1.3	*Deschampsia caespitosa*	+
Luzula luzulina (= L. flavescens)	1.1	*Juncus effusus*	+
		Eriophorum vaginatum	+
Moosschicht:			
Hylocomium splendens	4.5	*Plagiochila asplenioides*	1.2
Rhytidiadelphus triquetrus	2.5	*Polytrichum formosum*	1.1
Sphagnum acutifolium	2.5	*Leucobryum glaucum*	+.3
Polytrichum commune	2.3	*Rhytidiadelphus squarrosus*	+.2
Dicranum scoparium	1.3	*Bazzania trilobata*	+.2
Pleurozium Schreberi	1.2		

Eine ganze Reihe von Differenzialarten lassen den luftarmen, moorigen Boden erkennen: *Salix aurita, Molinia coerulea, Deschampsia caespitosa, Juncus effusus, Equisetum silvaticum, Eriophorum vaginatum, Polytrichum commune.* Diese treten besonders in Lichtungen auf.

Während es sehr einfach ist, diesen Fichtenwald auf Grund der dominierenden Arten der *Picea excelsa - Vaccinium Myrtillus - Hylocomium splendens*-Soziation zuzuteilen, wird es sehr schwer, diesen Fichtenwald auf Grund von Charakterarten zu fassen. Er ist am ehesten noch als Fragment des Mastigobryeto-Piceetum Br.-Bl. u. Sissingh zu betrachten.

Die Erklärung liegt nahe. Dieser Wald wurde wiederholt kahlgeschlagen und beweidet und hat durch diese Raubwirtschaft seine charakteristische Artenverbindung völlig verloren. So ist es schwierig, ihn auf Grund von Charakterarten zu fassen.

Die Bodenbildung und Vegetationsentwicklung dieses Waldes läßt sich schön verfolgen; denn in der Mitte des Waldes liegt noch ein wasser-offenes Moor, genannt „Meerauge". Die Bewaldung wurde durch eine *Calluna*-Hochmoorheide eingeleitet. In dem *Calluna*-Bestand kommt die Rotföhre in einer hochwachsenden, astreinen, spitzkronigen Rasse auf.

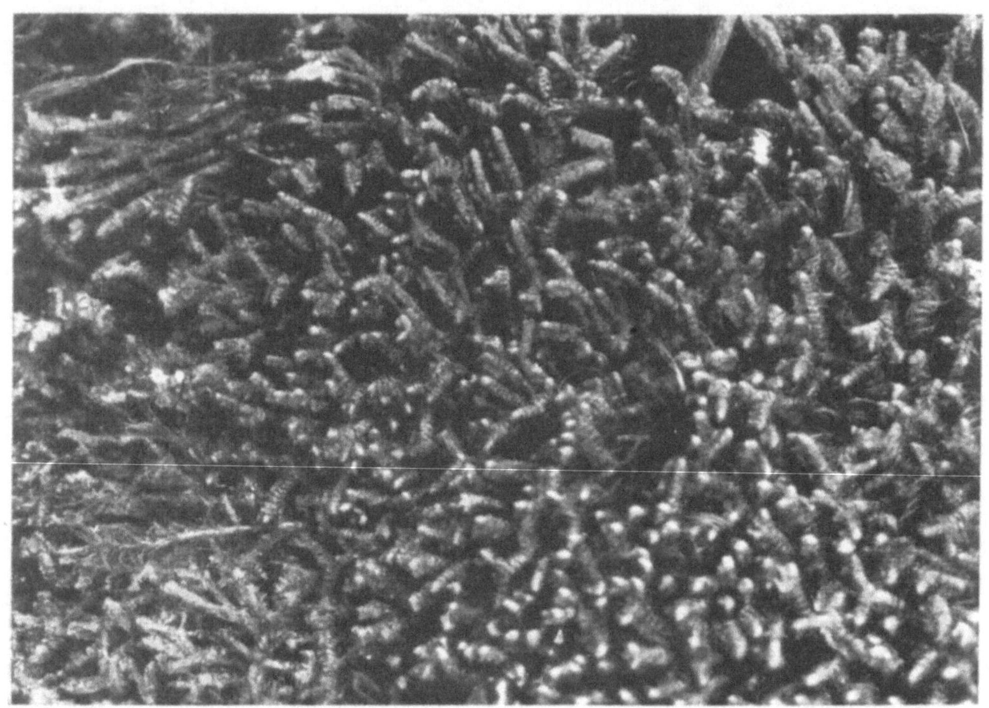

Bazzania trilobata im Unterwuchs des anmoorigen Fichtenwaldes.

Im Rotföhren-Moorwald kommt schließlich die Fichte hoch. Schließlich erreicht die Vegetationsentwicklung im heidelbeerreichen Hochmoor-Fichtenwald den lange anhaltenden Höhepunkt der Vegetationsentwicklung.

Obere Bildreihe: Schematische Darstellung der Vegetationsentwicklung vom Grauerlen-Unterhangwald über den bodenfeuchten Fichtenwald zum Rotbuchen-Tannenwald.

Untere Bildreihe: Schematische Darstellung von 3 aufeinander folgenden Fichtenforstgenerationen nach Abhieb des naturnahen Rotbuchen-Tannen-Mischwaldes.

Durch die aufeinander folgenden Fichtenforstgenerationen verflachte der Boden und verdichtete. Die naturfremden Fichtenreinbestände unterlagen von Generation zu Generation in zunehmendem Maße allen möglichen Schädigungen durch Wind, Pilze und Insekten.

Ein Grauerlen-Vorwald durchwurzelt den Boden tiefgründig, durchlüftet ihn und leitet die Waldentwicklung zum naturnahen Wirtschaftswald ein.

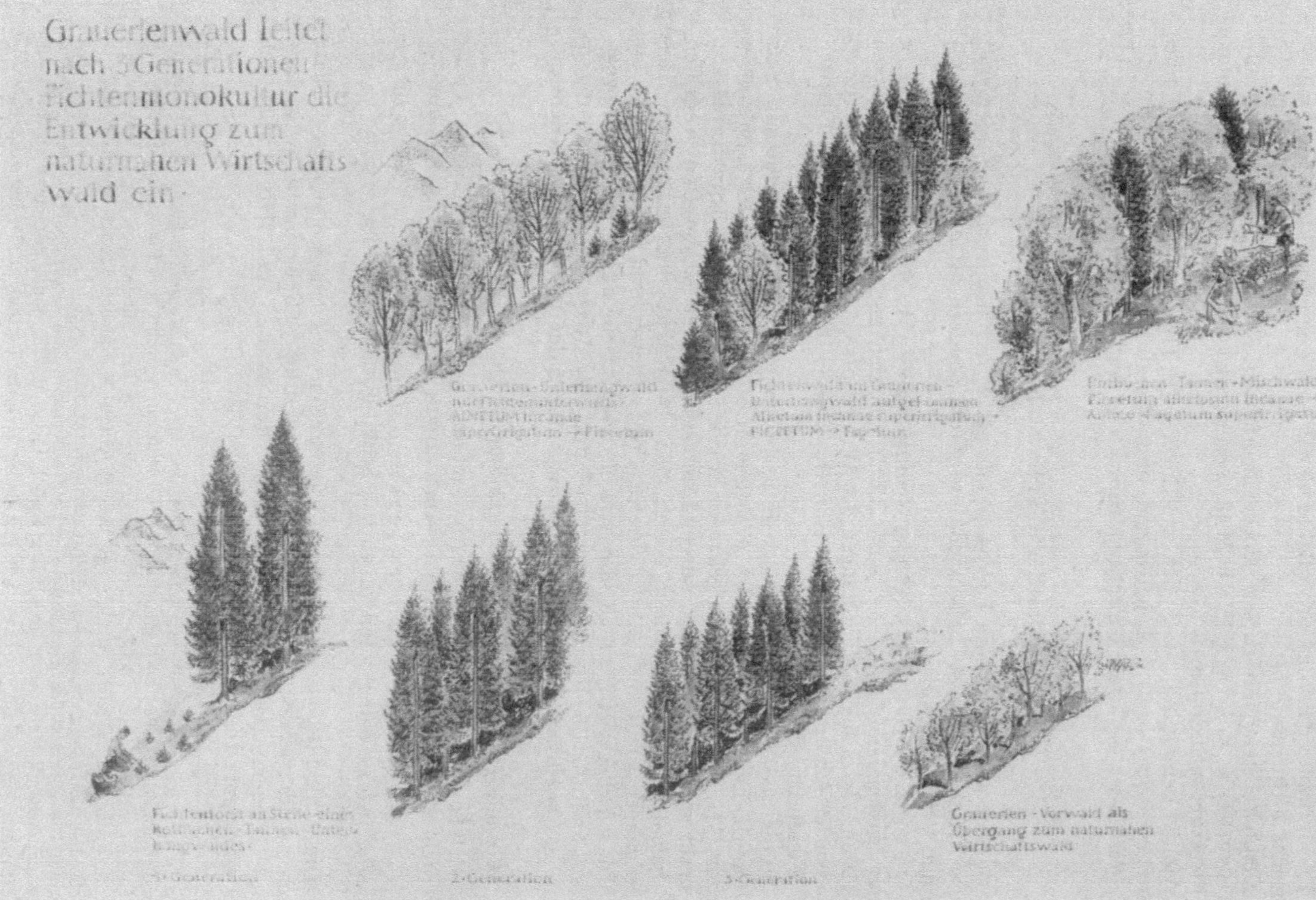
Grauerlenwald leitet nach 3 Generationen Fichtenmonokultur die Entwicklung zum naturnahen Wirtschaftswald ein
Fichtenwald im Grauerlen-
Fichtenforst an Stelle eines
2. Generation
3. Generation
Grauerlen - Vorwald als
Übergang zum naturnahen
Wirtschaftswald

Ich vermute, daß das Schlußglied der Vegetationsentwicklung der sauerkleereiche Fichtenwald ist.

Demnach stelle ich diesen Hochmoor-Fichtenwald zum „P i n e t u m silvestris turfosum ↗ P I C E E T U M pinetosum silvestris myrtillosum turfosum ↗ (Piceetum oxalidosum)".

Meine Vermutung, daß der sauerkleereiche Hochmoor-Fichtenwald die Schlußgesellschaft ist, stütze ich darauf, daß überall dort, wo der Fichtenwald sehr geschlossen ist, die Heidelbeere zurücktritt und der Sauerklee herrschend hervortritt.

B. DIE FICHTENFORSTE.

Es bedeutete für unsere Forstwirtschaft einen verhängnisvollen Fehler, daß unsere Wälder nicht als Lebensgemeinschaften, sondern als eine Summe von Bäumen betrachtet wurden.

O t t o F e u c h t, der Künder naturgemäßer Waldwirtschaft, verweist immer wieder darauf, daß der ganze Raum von den äußersten Verzweigungen der Krone bis zu den Verästelungen der Wurzelspitzen erfüllt vom Leben verschiedenster Art ist und alles, was in diesem Baume lebt und webt, an Pflanzen und Tieren zum Wald gehört.

Somit sind Fichtenforste, die z. B. nach Abhieb eines kräuterreichen Rotbuchen-Mischwaldes oder eines Eichen-Hainbuchen-Mischwaldes angeforstet wurden, keine harmonisch aufgebauten Wälder, sondern reine Kunstprodukte. Sie besitzen weniger Abwehrkraft und unterliegen viel leichter den Angriffen der belebten und unbelebten Natur, den Pilz- und Insektenschäden, den Schädigungen von Wind, Sturm, Schnee, Frost, Wasser und Feuer.

Im nachfolgenden sollen die verschiedenen Fichtenforste in ihrer vegetationskundlichen Stellung hinausgestellt und die Wege der Überführung in gesunde, abwehrkräftige, naturnahe Wirtschaftswälder besprochen werden.

Wir müssen insbesondere unterscheiden:

1. S c h l e c h t w ü c h s i g e F i c h t e n f o r s t e auf Böden, die der Fichte nicht zusagen, weil sie ihre Lebensbedürfnisse nicht befriedigen kann.
2. G u t w ü c h s i g e F i c h t e n f o r s t e auf Böden, die der Fichte zu gut sind, wo sie daher allen möglichen Schädigungen unterliegt.

Die schlechtwüchsigen Fichtenforste treffen wir insbesondere dort, wo durch waldverwüstende Eingriffe (Streunutzung, Großkahlschlagwirtschaft, Mahd, Weidenutzung, Brand) dem Boden der Wasser- und Nährstoffhaushalt oder seine gute Durchlüftung genommen wurden.

O b e r e B i l d r e i h e: Schematische Darstellung der Vegetationsentwicklung vom Schwarzerlen-Bruchwald über den bodenfeuchten Eichen-Hainbuchenwald zum Rotbuchen-Tannenwald.

U n t e r e B i l d r e i h e: Schematische Darstellung von drei aufeinander folgenden Fichtenforstgenerationen nach Abhieb des bodenfeuchten Rotbuchen-Tannen-Mischwaldes.

Durch die aufeinander folgenden Fichtenforstgenerationen verflachte der Boden und verdichtete. Die naturfremden Fichtenreinbestände unterlagen von Generation zu Generation in zunehmendem Maße allen möglichen Schädigungen durch Wind, Pilze und Insekten.

Ein Schwarzerlen-Vorwald durchwurzelt den Boden tiefgründig, durchlüftet ihn und leitet die Waldentwicklung zum naturnahen Wirtschaftswald ein.

Schwarzerlenwald mit Eichen-Hainbuchen
Unterwuchs · ALNETUM
Eichen-Hainbuchenwald mit Rotbuchen-Tannen-Unterwuchs·
Quercetō roboris – CARPINETUM – Abieto – Fagetum·
Rotbuchen-Tannenwald im Eichen-Hainbuchen-
wald aufgekommen · Querceto-Carpinetum →
Abieto-FAGETUM
Schwarzerlen-Vor-
wald als Übergang
zum naturnahen
Wirtschaftswald·
2·Generation
3·Generation
Schwarzerlen-Vorwald als
Übergang zum naturnahen
Wirtschaftswald·

Die schlechtwüchsigen Fichtenforste treffen wir auch dort, wo diese unter ungünstigen Umweltbedingungen aufgeforstet wurden, oder dort, wo sie nach waldverwüstenden Eingriffen, insbesondere Streunutzung und Lichtung, von selbst aufgekommen sind.

Die gutwüchsigen Fichtenforste treffen wir insbesondere dort, wo nach Kahlschlag an Stelle der frohwüchsigen Laubmischwälder reine Fichtenbestände angeforstet wurden.

Um diese Zusammenhänge verstehen zu können, ist es notwendig:

I. die verschiedenen Kahlschlaggesellschaften vegetationskundlich zu betrachten und aus dieser Betrachtung unsere Schlüsse zu ziehen;

II. die Frage zu untersuchen, wie sich in den verschiedenen Wäldern Streunutzung, Waldweide, Mahd und Lichtung auswirken;

III. die Frage zu studieren, wie es möglich ist, die verschiedenen Fichtenforste vegetationskundlich so zu erfassen und abzugrenzen, daß wir aus dieser Erkenntnis den jeweilig richtigen Weg für die Überführung der besonders gefährdeten Fichtenforste in naturnahe Wirtschaftswälder kennenlernen.

Nichts wäre für unsere Arbeit verhängnisvoller, als wenn wir unsere Erkenntnisse und Erfahrungen an untauglichen Objekten in die Praxis umsetzen würden.

Bisher haben wir die vielen verschiedenen Fichtenwälder kennengelernt, die unter mannigfachen Klima- und Bodenverhältnissen aufgekommen sind.

Auf trockenen Böden die bodenbasischen und bodensauren Fichtenwälder, auf frischen bis feuchten Böden die Fichtenwälder im Gelände der Auen und auf wasserzügigen Unterhängen, ferner die Fichtenwälder der Bruchwaldböden und der Hochmoorböden.

Alle diese verschiedenen Fichtenwälder haben die Möglichkeit, sich natürlich zu verjüngen und sind den Umweltbedingungen mehr oder weniger angepaßt.

Wir treffen sie insbesondere oberhalb der warmen Laubwaldstufe in der kühlen Nadelwaldstufe und in den Kältebecken und Frostlöchern muldiger Lagen und Täler, wo gewissermaßen in einer Höhenstufenumkehr die Nadelwaldstufe in die Laubwaldstufe herabgedrückt wurde.

Obere Bildreihe: Schematische Darstellung der Waldentwicklung vom bodentrockenen, bodensauren Birken-Rotföhrenwald über den Eichen-Hainbuchenwald zum Rotbuchen-Tannenwald.

Untere Bildreihe: Schematische Darstellung von drei aufeinander folgenden naturfremden Fichtenforstgenerationen nach Abhieb des naturnahen Rotbuchen-Tannen-Mischwaldes. Durch die aufeinander folgenden Fichtenforstgenerationen verflacht und verdichtet der Boden und die Bewurzelung der Fichte wird immer flacher, die naturfremden Fichten-Reinbestände unterliegen von Generation zu Generation in zunehmendem Maß allen möglichen Schädigungen durch Wind, Pilze und Insekten.

Ein Birken-Vorwald durchwurzelt tiefgründig den Boden, durchlüftet ihn, und leitet die Waldentwicklung zum naturnahen Wirtschaftswald ein.

Birken-Vorwald als Übergang zum naturnahen Wirtschaftswald

G ü n t h e r B e c k v. M a n n a g e t t a schildert im Jahre 1906 in einer Schrift über „Die Umkehrung der Pflanzenregionen in den Dolinen des Karstes" solche Vegetationsumkehrungen:

„Man steht an der Straße im schönen Rotbuchenwalde bei 1230 m über dem Meere. In der Doline abwärts steigend, gelangt man bald in einen prächtigen Wald von urwüchsigen, schlanken Fichten. Doch plötzlich, ganz unvermutet, findet der Wald sein Ende. Das Aussehen der letzten Fichtenbäume verändert sich, wie an der oberen Höhengrenze dieses Baumes im Hochgebirge. Deutlich verkümmern die stolzen Stämme. Mit weißgebleichten Baumleichen, deren Äste mit Bartflechten behangen sind, setzt sich die Baumgrenze scharf gegen abwärts ab und in einer Seehöhe von 1100 m sind die Bäume verschwunden. An die Stelle der Fichten tritt nun, wohl weitere 50 m an dem felsigen Dolinenhange in die Tiefe ziehend, ein dichter, fast undurchdringlicher Bestand der Legföhre, die den weiteren Kessel völlig erfüllt.

Je tiefer man steigt, desto dichter und reichlicher bedeckt sich der Boden zwischen den Legföhren mit Torfmoosen und mit den Zwergbüschen von *Vaccinium uliginosum* L., bis schließlich die dichte, die längste Zeit im Inneren vereiste Moosdecke eine hochmoorartige Torfmulde bildet.

In der Smrekova draga prägt sich nach vorhergehender Schilderung des Pflanzenwuchses die Umkehung der Pflanzenregionen fast noch schöner aus als in der Paradana. Wir finden hier zuerst schönen Buchenwald, unter demselben herrlichen Fichtenwald; weiter abwärts wird die Baumgrenze aus Fichten erreicht; sodann folgt die Legföhrenformation mit eingemengten Alpensträuchern und Alpenpflanzen, endlich eine ausgesprochene Torfmoorvegetation mit vereisten Schneemassen."

Aus diesen Schilderungen erfahren wir, daß infolge Umkehr der Klimaverhältnisse auch die Höhenstufengliederung umgekehrt ist. Wir treffen also die Fichtenwälder insbesondere hoch oben in der Voralpenstufe oder auch tiefer unten, ebenfalls klimatisch bedingt, vom Buchenwald umgeben in Frostbecken und Frostlöchern.

Dann treffen wir Fichtenwälder in der oberen Laubwaldstufe dort, wo die Bodenbildung noch nicht so weit fortgeschritten ist, daß ein anspruchsvoller Laubmischwald seine erhöhten Lebensbedürfnisse befriedigen kann. Sei es, daß auf jungen Böden, wie z. B. Bergsturzböden, Schuttkegelböden die Zeit noch nicht ausreichte und sie gewissermaßen ein fortgeschrittenes Pionierstadium darstellen oder sei es, daß sie als Waldverwüstungsstadien auf herabgewirtschafteten Böden siedeln, welche ihre Güte verloren haben.

O b e r e B i l d r e i h e: Schematische Darstellung der Waldentwicklung vom bodentrockenen Ebereschenwald über einen Fichtenwald zum Rotbuchen-Tannenwald in schneereicher kühler Lage.

U n t e r e B i l d r e i h e: Schematische Darstellung von drei aufeinander folgenden naturfremden Fichtenforstgenerationen nach Abhieb des naturnahen Rotbuchen-Tannen-Mischwaldes. Durch die aufeinander folgenden Fichtenforstgenerationen verflacht, verdichtet der Boden und die naturfremden Fichtenreinbestände lassen von Generation zu Generation im Zuwachs nach und unterliegen in zunehmendem Maße allen möglichen Schädigungen durch Wind, Pilze und Insekten.

Ein Ebereschen-Vorwald durchwurzelt tiefgründig den Boden, durchlüftet ihn und leitet die Waldentwicklung zum naturnahen Wirtschaftswald ein.

Fichtenwald im Ebereschenwald aufgekommen ·
Sorbetum aucupariae → PICEETUM → Fagetum
Ebereschenwald
leitet nach 3 Genera-
tionen Fichtenmono-
kultur die Entwicklung
zum Wirtschaftswald
ein / zum Rotbuchen-
Tannen-Fichten-
Mischwald ·
2. Generation
3. Generation

Diese Fichtenwälder der Laubwaldstufe, welche ihr Dasein nicht den besonders kühlen Klimaverhältnissen, sondern den ungünstigen Bodenverhältnissen verdanken, treffen wir besonders im natürlichen Verbreitungsgebiete der Fichte an.

Wird z. B. ein bodensaurer Eichenwald zum bodensauren Rotföhrenwald herabgewirtschaftet, so kommt bei zunehmender Bodenverbesserung im Verbreitungsgebiet der Fichte (z. B. in den Alpen), ganz von selbst unter den Rotföhren die Fichte auf; während sie außerhalb des natürlichen Verbreitungsgebietes der Fichte nicht so leicht aufkommen kann.

Auf kalten, sauren Hochmoorböden vermag die Fichte weit in die warme Laubwaldstufe einzudringen und so treffen wir auf Hochmoorböden mitten im warmen Laubwaldklima natürliche Fichtenwälder.

Auch auf Bruchwaldböden und Auenwaldböden kommt im Verbreitungsgebiete der Fichte mitten im Laubwaldklima der Fichtenwald im Schwarzerlenbruchwald und Grauerlen-Auenwald auf.

Wir treffen also Fichtenwälder im natürlichen Verbreitungsgebiete der Fichte:

1. in der kühlen Voralpenstufe;
2. in kühlen Frostbecken und Frostlöchern;
3. in der oberen Laubwaldstufe auf schlechten Böden; sei es, daß der junge Boden noch keine große Güte erreichen konnte oder der alte Boden durch waldverwüstende Eingriffe seine Güte verloren hat und rohhumusreich wurde;
4. in der Laubwaldstufe auf Hochmoorböden;
5. in der Laubwaldstufe auf Bruchwaldböden;
6. in der Laubwaldstufe auf Auenwaldböden.

Diese Fichtenwälder müssen wir zu den natürlichen Fichtenwäldern stellen, weil sich diese ganz von selbst einfinden und sich im Konkurrenzkampf mit anderen Holzarten durchsetzen können.

Anders verhält es sich mit den Fichtenbeständen, die nicht natürlich aufgekommen sind, sondern auf nährstoffreichen Böden, welche anspruchsvollen Laubhölzern beste Lebensbedingungen bieten könnten, künstlich angeforstet wurden.

Diese Fichtenbestände sind Fichtenforste, die wir ebensowenig zu den Fichtenwäldern, wie etwa Affen in menschlicher Kleidung zu Menschen stellen dürfen.

Zum Begriff Wald gehört eben nicht nur sein oberflächliches Kleid, nämlich die Baumschicht, sondern alles, von den äußersten Verzweigungen der Wurzeln bis zu den letzten Verzweigungen der Baumkronen. Der ganze Raum, der ganze Boden, alles Leben dieses Raumes gehört zum Begriff Wald.

So ist es klar, daß ein kräuterreicher Fichtenbestand, den wir an Stelle eines kräuterreichen Eichen-Hainbuchen-Waldes anforsten, niemals zum Begriff „Fichtenwald“ zu stellen ist.

Tabellarische Zusammenfassung floristischer Aufnahmen von 10 Fichtenforsten.

	1	2	3	4	5	6	7	8	9	10
Baumschicht:										
Abies alba					0.2	0.2		1,1		
Acer Pseudoplatanus		+								
Carpinus Betulus	+	+		+	+	+				
Fagus silvatica		+		+	+		2.2			+
Fraxinus excelsior		+							1.1^{0}	
Picea excelsa	0,9	5.5	0,9	5.5	0,8	0,8	5.5	5.5	0,8	5.5
Quercus Robur		+			+	+				
Tilia platyphyllos						+				
Strauchschicht:										
Abies alba	+		1.1					+		
Acer Pseudoplatanus	+		+							
Alnus incana									$+.2^{0}$	
Berberis vulgaris				+						
Carpinus Betulus	+		1.1							
Clematis Vitalba	1.1		1.1	1.1						
Corylus Avellana	+	+	1.2	+		+			1.2	
Evonymus europaea			+							
Fagus silvatica						1.1				
Fraxinus excelsior	+	+	1.1	+		+		+		
Ilex Aquifolium						+				
Juglans regia				+						
Ligustrum vulgare			+							
Lonicera nigra			1.1							
Lonicera Xylosteum				+						
Picea excelsa								+		
Pirus Piraster			+							
Quercus Robur	+		1.1							
Rhamnus cathartica			+							
Sambucus nigra	+		3.2	1.1		+			+.2	
Sambucus racemosa			1.1							
Sorbus aucuparia				+						
Ulmus scabra				+						
Tilia platyphyllos			+	+						
Niederwuchs:										
Abies alba		1.1								
Acer Pseudoplatanus		2.1			+			+	+	
Actaea spicata	+	+	1.1	1.1				1.1	1.1	
Adoxa Moschatellina		+		1.1				+	+	
Aegopodium Podagraria			1.2	+						5.5
Ajuga reptans		+								1.2
Alliaria officinalis				+						
Alnus incana										

	1	2	3	4	5	6	7	8	9	10
Angelica silvestris										
Anemone nemorosa						1.1				+
Anemone ranunculoides		1.1								
Anemone trifolia							+			
Anthriscus silvester				+						
Aruncus vulgaris				+					+	
Asarum europaeum		1.2		1.2			1.2			
Asperula odorata	1.1	1.1		2.2	2.2	1.2		1.1	3.2	1.4
Asplenium Trichomanes				1.1			+		+	
Athyrium Filix-femina	1.2		1.2	+.2	+		+	2.2	1.2	
Brachypodium silvaticum			1.2	+	+					1.2
Bromus ramosus	+	+								
Calamagrostis varia									+	
Calamintha Clinopodium							+			
Campanula persicifolia				+						
Campanula Trachelium			+	+	+	+	+		+	1.1
Cardamine impatiens				+						
Cardamine trifolia	2.2	+								
Carduus Personata										
Carex alba							+.2			
Carex brizoides			+.2							
Carex digitata	+	1.2	+	+.2			+		+.2	
Carex pendula			1.2		+.2					
Carex silvatica	+	+	1.1	+	+				+.2	
Carpinus Betulus		+								+
Cephalanthera Damasonium	+		+				+			
Cephalanthera longifolia							+			
Chaerophyllum Cicutaria		+							+	
Chamaenerion angustifolium										
Chelidonium majus			1.1	1.1					+	1.1
Chrysosplenium alternifolium				+						
Circaea lutetiana			1.2		+	1.1				
Cirsium oleraceum										
Convallaria majalis							+			1.2
Corydalis cava										1.2
Corylus Avellana									+	+
Cyclamen europaeum		+								
Cystopteris regia				+						
Dactylis glomerata										+
Daphne Mezereum		+							+.2	
Dentaria bulbifera				+						
Dentaria enneaphyllos	+									

	1	2	3	4	5	6	7	8	9	10
Dentaria pentaphyllos									+.2	
Digitalis grandiflora										
Dryopteris austriaca										
subsp. *spinulosa*	+	+								
Dryopteris Filix-mas	+		+.2	1.2	1.1	1.1	+	2.2	1.2	1.2
Epilobium montanum		+	1.1	+			+			+
Eupatorium cannabinum			1.1	+						
Euphorbia amygdaloides		1.1								
Evonymus europaea										+
Fagus silvatica				+					+	
Festuca gigantea			1.2		+					
Festuca silvatica					+.2					
Fragaria vesca		+		+			+			+
Fraxinus excelsior		+			+					
Fraxinus Ornus							+			
Galeopsis pubescens				+					+	
Galium Aparine			1.2	+						
Galium Mollugo										
Galium silvaticum								+		
Galium vernum				1.1			+			+.2
Geranium phaeum										+
Geranium Robertianum	+	+	1.1	+	2.2	1.1	1.1			1.1
Geum urbanum		+	1.1	+						1.1
Glechoma hederacea			1.1	+	1.2					1.2
Hedera Helix		+								
Hepatica nobilis		+		+			2.2			
Heracleum Sphondylium			1.1							+
Hieracium silvaticum	1.1	1.1	+	+					+	
Hypericum montanum	+									
Impatiens Noli-tangere	+	+	4.3	+	5.5	5.5			+	
Inula Conyza							+			
Lamium Galeobdolon	+	1.1	1.2	1.1	1.1	1.1	2.2		1.2	1.1
Lapsana communis				+						1.1
Lastrea Dryopteris								+	1.2	
Lastrea obtusifolia				+			+.2			
Lastrea Phegopteris									+	
Lathyrus vernus			1.1	1.1			+			
Lilium Martagon								+		
Luzula albida	+			+.2						
Luzula pilosa		+								
Luzula silvatica						+				
Lysimachia nemorum								+		
Lysimachia Nummularia										+.2

	1	2	3	4	5	6	7	8	9	10
Majanthemum bifolium				1.1				3.2	2.2	1.2
Melandryum album										+
Melandryum rubrum										
Melica nutans	1.2		+.2				+.2			
Melittis Melissophyllum				+						
Mercurialis perennis		+				2.3	1.1		2.2	
Milium effusum					+	+		+		
Moehringia muscosa				3.3						
Moehringia trinervia		+		+					+	1.3
Mycelis muralis	+	1.1	1.1	+	+		+	+	+	1.1
Myosotis silvatica				+					+	1.1
Neottia Nidus-avis				+						
Ostrya carpinifolia							+			
Oxalis Acetosella	3.3	3.2	1.2	2.2	3.2	2.2		4.3	1.2	2.3
Oxalis stricta										1.1
Paris quadrifolia		+		+				1.1	1.1	
Petasites albus	2.2	+.2								
Phyteuma spicatum	+	+	1.1					+		
Picea excelsa				+						
Poa nemoralis		+		+					+	+.2
Populus tremula										
Polygonatum multiflorum		+		+					+	
Polypodium vulgare				+						
Polystichum lobatum				+.2			+		1.2	
Prenanthes purpurea	+				+	+		+	+	
Primula elatior		1.1	1.1		+	+				
Primula vulgaris										+.2
Prunus Padus				+						
Pulmonaria officinalis	+		2.2	+			1.2		+.2	+.2
Quercus petraea							+			
Quercus Robur		+		+					+	+
Ranunculus lanuginosus	+	+								
Rubus caesius						1.1				
Rubus idaeus	1.1	+		1.1			+	+	2.2	
Salvia glutinosa	1.1	+		3.2			1.2		2.3	
Sambucus nigra										+
Sambucus racemosa										
Sanicula europaea		1.1		1.1						
Scrophularia nodosa			1.2			+			+	
Senecio nemorensis subsp. *Fuchsii*	2.1	1.1		+	1.1	1.1		+	+	
Senecio nemorensis subsp. *Jacquinianus*			+.2							

	1	2	3	4	5	6	7	8	9	10
Sesleria varia							+			
Silene nutans										
Solanum Dulcamara									+	
Solidago Virgaurea	+	+					+			+
Sonchus asper										
Sorbus aucuparia								+		
Stachys silvatica	+		1.2	+	+	1.1			+.2	+
Stellaria nemorum								+		
Symphytum tuberosum				+				+	+	
Tilia platyphyllos		+								
Tilia cordata										
Ulmus scabra (montana)		+							+	
Urtica dioica			2.2	+		1.1			+.2	+
Valeriana tripteris							+			
Veronica Chamaedrys										+
Veronica latifolia							+		+	
Viola mirabilis				+						
Viola Riviniana							+			
Viola silvestris	+	2.1	+	+			+.2		2.2	2.1
Viburnum Opulus										+
Moosschicht:										
Atrichum undulatum	1.1	1.2			+	1.2				
Eurhynchium striatum						2.2			+.3	
Mnium undulatum	1.2		2.2			1.2		1.2		
Plagiochila asplenioides	1.2									
Thuidium tamariscinum						3.2				

Die Überführung der naturfremden Fichtenforste in naturnahe Wirtschaftswälder.

Im folgenden will ich verschiedene Fichtenforste beschreiben und jeweils den Hinweis geben, wie wir diese, durch alle möglichen Schädlinge besonders gefährdeten Fichtenforste in naturnahe Wirtschaftswälder überführen können.

Einen 50–60jährigen Fichtenforst untersuchte ich südlich Waidhofen a. d. Ybbs am Buchenberg in 420 m Seehöhe. Dieser Fichtenforst zeigte den in vorstehender Tabelle unter Aufnahme Nr. 1 angeführten floristischen Aufbau am 15 bis 20° nach NNO geneigten Hang. — Die Baumschicht ist ¼ bis ⅓ beastet.

Aus dem floristischen Aufbau dieses Bestandes ersehen wir, daß sich dieser Forst im warmen, luftfeuchten Klimagebiet der warmen Laubwaldstufe befindet.

Die wärmeliebenden Arten: *Quercus Robur, Carpinus Betulus, Corylus Avellana* und die Arten, welche hohe Luftfeuchtigkeit bevorzugen, wie z. B. *Actaea spicata, Dentaria enneaphyllos, Ranunculus lanuginosus, Phyteuma spicatum* lassen das warmfeuchte Klima erkennen. Die Bodenverhältnisse zeigen einen ausgezeichneten Wasser- und Nährstoffhaushalt.

An den Naßgallen nährstoffreichen Wassers treten Hochstaudenfluren von Weiß-Pestwurz *(Petasites albus)* hervor.

So geben die Arten: *Petasites albus, Stachys silvatica, Clematis Vitalba, Impatiens Noli-tangere, Circeaea lutetiana* den Hinweis, daß der Boden einen ausgezeichneten Wasserhaushalt besitzt. Die Arten: *Asperula odorata, Cardamine trifolia, Pulmonaria officinalis, Carex silvatica, Phyteuma spicatum, Dentaria enneaphyllos* zeigen uns, daß der Boden außerdem einen ausgezeichneten Nährstoffhaushalt besitzt.

Daraus schließen wir, daß Rotbuche und Tanne ebenso lebenskräftig wachsen könnten wie die Eiche und Hainbuche.

Wir haben also einen Fichtenforst vor uns, der sich vermutlich folgend entwickelt hat.

Rotbuchen-Tannen-Mischwald

↑

Bodenfeuchter Eichen-Hainbuchenwald mit Rotbuchen-Tannen-Unterwuchs

↑

Bodenfeuchter Eichen-Hainbuchenwald

↑

Erlen-Eschen-Mischwald mit Eichen-Hainbuchen-Unterwuchs

↑

Erlen-Eschen-Mischwald

↓ Kahlschlag und Anforstung von Fichte

Fichtenforst

Fichtenforst.

Daraus ersehen wir klar, daß der Bestand in der warmen Laubwaldstufe liegt und der Boden den anspruchsvollen Laubhölzern und auch der Tanne beste Lebensbedingungen bieten könnte. Der Fichtenforst als geschlossener Reinbestand ist besonders gefährdet durch Kernfäule, Fichtenborkenkäfer und Nonne.

Alles muß daher unternommen werden, um diesen so gefährdeten Fichtenforst in einen naturnahen Wirtschaftswald überzuführen.

Esche, Berg- und Spitzahorn, Stieleiche und Hainbuche, Rotbuche und Tanne könnten hier als Mischholzarten verwendet werden.

Östlich davon untersuchte ich ebenfalls einen Fichtenforst auf einem 10 bis 15° geneigten Nordhang auf sehr tonreichem Boden und fand den in der Tabelle unter Aufnahme Nr. 2 angeführten floristischen Aufbau.

Buchenruinen zeugen da und dort, daß hier ehemals Rotbuchenbedingungen bestanden hatten, wo heute reine Fichtenmonokulturen siedeln.

Auch in diesem Bestande kommen wir zur Überzeugung, daß es sich hier um einen Fichtenforst handelt, der an Stelle eines bodenfeuchten Laubmischwaldes angeforstet wurde.

Die Bodenfeuchtigkeit anzeigenden Arten: *Chaerophyllum Cicutaria, Impatiens Noli-tangere, Petasites albus* zeigen uns, daß der Wasserhaushalt des Bodens ausgezeichnet ist. Die anspruchsvollen Arten des kräuterreichen Rotbuchenwaldes, wie *Abies alba, Asperula odorata, Sanicula europaea, Lamium Galeobdolon, Phyteuma spicatum, Carex silvatica, Epilobium montanum, Bromus ramosus, Cardamine trifolia, Moehringia trinervia* zeigen uns, daß der Rotbuche und der Tanne das Klima dieses Raumes und der Boden dieses Bestandes besonders zusagen würden. *Hedera Helix, Actaea spicata* und *Ranunculus lanuginosus* zeigen uns, daß sich dieser Bestand in einem sehr luftffeuchten ausgeglichenen Klima befindet.

Die bodenbasischen Arten: *Carex digitata, Hepatica nobilis, Cyclamen europaeum* zeigen uns, daß der Boden reich an Basen ist. Schließlich geben die wärmebedürftigen Arten: *Quercus Robur, Carpinus Betulus, Asarum europaeum, Polygonatum multiflorum* den Hinweis, daß wir uns in der warmen Laubwaldstufe befinden, in welcher Eiche und Hainbuche zusagende Lebensbedingungen finden würden. *Oxalis Acetosella* tritt so sehr hervor, weil der reichliche Fichtennadelabfall einen oberflächlich schwachsauren Schleier von Fichtennadelstreu-Rohhumus geschaffen hat.

Fichtenforst an Stelle eines Waldmeister- und Waldschwingel-reichen Rotbuchen-Tannenwaldes. (Fichtenforst = Abieteto-Fagetum asperulosum).

Aus der vollständigen Artenzusammensetzung schließen wir daher, daß wir es hier mit einem Fichtenforst zu tun haben, der an Stelle eines bodenfeuchten Rotbuchen - Tannen - Waldes aufgebracht wurde, welcher im bodenfeuchten eschenreichen Eichen-Hainbuchen-Wald aufgekommen ist.

Daraus können wir auch hier, wie im vorher angeführten Beispiel, unsere Entschlüsse für die waldbauliche Behandlung ziehen; insbesondere für die Überführung dieses Fichtenforstes in einen naturnahen Wirtschaftswald. Unser Fichtenforst steht an Stelle eines Alneto - Fraxinetum ↗ Querceto Roboris - Carpinetum ↗ Abieteto - FAGETUM.

Einen Fichtenforst untersuchte ich bei Schloß Tollet bei Grießkirchen in Oberösterreich und fand in ca. 400 m Seehöhe am Unterhang in fast ebener Lage den unter Aufnahme Nr. 3 angeführten floristischen Aufbau.

Der Bodenzustand dieses Fichtenforstes ist so hervorragend, daß eine direkte Überführung in einen naturnahen Laubmischwald ohne Vorkultur möglich ist. Wir müssen dabei nur beachten, daß die lichtbedürftigen Holzarten durch Kronenfreihieb geschützt werden müssen.

Einen 35 Meter hohen, 0,7 bestockten Fichtenforst untersuchte ich auf einem 25–30° geneigten Nordhang unterhalb der Ruine Landskron bei Villach, 80 Jahre alt, ¼ beastet, A C-Horizont mit 1–2 cm unzersetzter Fichtennadelstreu, Urkalkgeröllboden. Der floristische Aufbau dieses Fichtenforstes ist in Aufnahme Nr. 4 angeführt.

Fichtenforst an Stelle eines Eichen-Hainbuchenwaldes. Die aufgetriebenen Stammfüße weisen darauf hin, daß ein großer Teil dieser Bäume rotfaul ist.

Aus diesem Aufbau erkennen wir, daß

1. der Boden einen ausgezeichneten Wasserhaushalt besitzt; dies beweisen die Arten: *Brachypodium silvaticum, Geum urbanum, Eupatorium cannabinum, Stachys silvatica, Impatiens Noli-tangere, Clematis Vitalba, Aegopodium Podagraria, Chrysosplenium alternifolium, Galium Aparine, Prunus Padus;*
2. der Boden basischen Untergrund besitzt; dies beweisen die Arten: *Hepatica nobilis, Carex digitata;*
3. der Boden sehr nährstoffreich und durchlüftet ist; dies beweisen die vielen für den kräuterreichen Rotbuchenwald besonders bezeichnenden Arten: *Asperula odorata, Lathyrus vernus, Sanicula europaea, Lamium Galeobdolon, Asarum europaeum, Polygonatum multiflorum, Epilobium montanum, Dentaria bulbifera, Cephalanthera Damasonium, Neottia Nidus-avis,* insbesondere aber auch *Adoxa Moschatellina, Salvia glutinosa, Pulmonaria officinalis, Urtica dioica, Lapsana communis, Galeopsis pubescens;*

4. das Klima sehr luftfeucht ist und daher der Rotbuche zusagt; dies beweisen die Arten: *Actaea spicata, Aruncus vulgaris, Polystichum lobatum, Moehringia muscosa, Moehringia trinervia;*
5. das Klima warm ist und daher unser Wald der warmen „Unteren Buchenstufe" angehört; dies beweisen die Arten: *Carpinus Betulus, Quercus Robur, Astragalus glycyphyllos, Campanula persicifolia, Polygonatum multiflorum, Cardamine impatiens, Alliaria officinalis, Melittis Melissophyllum.*

Mercurialis perennis-reicher Fichtenforst an Stelle eines *Mercurialis perennis*-reichen Tannen-Rotbuchenwaldes (Fichtenforst = Abieteto-Fagetum mercurialosum).

Aus allen diesen Überlegungen heraus nehme ich an, daß unser Fichtenforst an Stelle eines Rotbuchen-Tannen-Mischwaldes wächst, der sich über einen im Grauerlen-Unterhangwald aufgekommenen bodenfeuchten Stieleichen-Hainbuchen-Mischwald entwickelt hat. Die Arten des Grauerlenwaldes: *Brachypodium silvaticum, Aegopodium Podagraria, Clematis Vitalba* lassen diesen Entwicklungsgang noch erkennen.

Fichtenforst = Alnetum incanae superirrigatum ↗ Querceto-Carpinetum fraxinetosum ↗ Abieteto-FAGETUM.

Wirtschaftliche Folgerungen:

1. Dieser Fichtenforst besiedelt einen Boden, der ihm zu nährstoffreich ist und ein Klima, das ihm zu warm ist.
2. Er müßte in kurzer Umtriebszeit bewirtschaftet werden, weil er in späterem Lebensalter auf jeden Fall kernfaul wird.

Für die Überführung in einen naturnahen Wirtschaftswald stehen folgende Möglichkeiten zur Verfügung:

1. in einen Grauerlen-Reinbestand;
2. einen Eschen-Reinbestand;
3. einen Stieleichen-Hainbuchen-Mischwald mit Stieleiche als Oberholz und Hainbuche als Zwischenbestand;

4. einen Stieleichen-Rotbuchen-Mischwald mit Stieleiche als Oberholz und Rotbuche als Zwischenbestand;
5. einen Rotbuchen-Tannen-Mischwald;
6. einen Tannen-Reinbestand;
7. einen Rotbuchen-Tannen-Fichten-Mischwald mit 20% Rotbuche, 60% Tanne und 20% Fichte;
8. einen Wald von Schnellwuchs-Pappeln mit verschiedenen Treibhölzern im Unterwuchs.

Einen anderen Fichtenforst untersuchte ich auf einem 15°-Nordhang am Weg zum Schauinsland ober Freiburg im Breisgau in 700 m Seehöhe. Der floristische Aufbau ist unter Aufnahme Nr. 5 angeführt.

Riesen-Schachtelhalm-(*Equisetum maximum*-)reiche Fichtenforste.

Klar erkennen wir, daß dieser Bestand kein natürlicher Fichtenwald ist, sondern an Stelle eines Laubwaldes angeforstet wurde. Was mag dies aber für ein Laubwald gewesen sein?

1. handelt es sich um eine bodenfeuchte Waldgesellschaft; denn die Artenverbindung von *Fraxinus excelsior, Impatiens Noli-tangere, Circaea lutetiana, Stachys silvatica, Brachypodium silvaticum, Carex pendula, Festuca gigantea* treffen wir nur in bodenfeuchten Waldgesellschaften;
2. handelt es sich um eine Waldgesellschaft der warmen unteren Buchenstufe, da Eiche und Hainbuche neben Rotbuche und Tanne lebenskräftig wachsen;
3. handelt es sich um einen Fichtenforst, der ohne weiteres in einen Rotbuchen-Tannen-Fichten-Mischwald übergeführt werden könnte; da eine ganze Reihe von Arten auftreten, welche guten, frischen, lockeren Buchenmullboden erkennen lassen, so z. B. *Asperula odorata, Lamium Galeobdolon, Carex silvatica, Milium effusum;*

4. handelt es sich um eine Waldentwicklung, welche der Schwarzerlen-Unterhangwald eingeleitet hat; denn überall unter sonst gleichen Umweltbedingungen tritt der Schwarzerlenwald als Waldverwüstungsstadium auf.

Ich vermute daher, daß es sich hier um einen Wald handelt, der sich folgend entwickelt hat:

Unter dem Schwarzerlen-Unterhangwald sind Eschen, Stieleichen, Hainbuchen aufgekommen.

Die Vegetationsentwicklung führte zum Stieleichen-Hainbuchen-Unterhangwald. Hier blieb aber die Vegetationsentwicklung nicht stehen, sondern führte zum Rotbuchen-Tannen-Mischwald weiter.

Unter dem Eichen-Hainbuchenwald kamen Rotbuchen und Tannen als schattenfeste Holzarten auf. Im Verlauf der Jahre konnten sie sich gegenüber den lichtbedürftigen Eichen und Hainbuchen durchsetzen und schließlich den Boden beherrschen.

Die Vegetationsentwicklung blieb aber auch hier nicht stehen, denn der Mensch griff ein, schlug den Wald nieder und pflanzte an seiner Stelle Fichten.

So steht an Stelle des frohwüchsigen Rotbuchen-Tannen-Mischwaldes ein zwar gutwüchsiger, aber sehr gefährdeter, kernfauler Fichtenforst.

Fichtenforst = Alnetum glutinosae superirrigatum ↗ Querceto Roboris-Carpinetum fraxinetosum ↗ Abieteto-FAGETUM.

Wir müssen uns nun fragen, welche Wälder wir an Stelle dieses krank gewordenen Fichtenforstes anbauen können.

1. einen Schwarzerlen-Reinbestand;
2. einen Eschen-Reinbestand;
3. einen Stieleichen-Hainbuchen-Mischwald mit Stieleiche als Oberholz und Hainbuche als Zwischenbestand;
4. einen Stieleichen-Rotbuchen-Mischwald mit Stieleiche als Oberholz und Rotbuche als Zwischenbestand;
5. einen Rotbuchen-Tannen-Mischwald;
6. einen reinen Tannenwald;
7. einen Wald von Schnellwuchs-Pappeln mit verschiedenen Treibhölzern im Unterwuchs;
8. einen Rotbuchen-Tannen-Fichten-Mischwald.

Einen 30 m hohen Fichtenforst untersuchte ich auf einem 10° geneigten Nordhang ober Waldkirch im südlichen Schwarzwald bei Freiburg im Breisgau. Der floristische Aufbau dieses Fichtenforstes ist unter Aufnahme Nr. 6 angeführt.

Wir haben hier einen Fichtenforst vor uns, der an Stelle eines springkrautreichen Rotbuchen-Tannenwaldes angeforstet wurde und sich über einen bodenfeuchten Schwarzerlen-Eschen-Mischwald und Stieleichen-Hainbuchenwald heraufentwickelt hatte.

Fichtenforst = Alnetum glutinosae fraxinetosum superirrigatum ↗ Querceto Roboris-Carpinetum ↗ Abieteto-FAGETUM impatientosum Noli-tangere.

Aus dem Aufbau dieses Waldes erkennen wir, daß:

1. der Boden einen ausgezeichneten Wasserhaushalt besitzt; dies beweisen die Arten: *Impatiens Noli-tangere, Circaea lutetiana, Stachys silvatica, Rubus caesius, Campanula Trachelium* und insbesondere die Moose *Thuidium tamariscinum, Mnium undulatum, Eurhynchium striatum;*
2. der Boden sehr nährstoffreich und durchlüftet ist; dies beweisen die vielen für den kräuterreichen Rotbuchenwald bezeichnenden Arten: *Asperula odorata, Lamium Galeobdolon, Milium effusum;*
3. das Klima warm-feucht ist; dies beweist insbesondere: *Ilex Aquifolium.*

Für die Überführung in einen naturnahen Wirtschaftswald stehen uns folgende Möglichkeiten zur Verfügung:

1. ein Schwarzerlen-Reinbestand;
2. ein Eschen-Bestand mit Schwarzerlen-Zwischenbestand;
3. ein Stieleichenwald mit Hainbuchen-Zwischenbestand;
4. ein Stieleichenwald mit Rotbuchen-Zwischenbestand;
5. ein Rotbuchen-Tannen-Mischwald mit 20% Rotbuche, 80% Tanne;
6. ein Tannen-Reinbestand;
7. ein Schnellwuchs-Pappel-Forst mit verschiedenen Treibhölzern im Zwischenbestand.

Einen anderen Fichtenforst untersuchte ich auf einem nach Westen geneigten Hang ober der Straße Warmbad—Föderaun bei Villach. Der floristische Aufbau dieses Fichtenforstes ist unter Aufnahme Nr. 7 angeführt.

Aus vergleichenden Untersuchungen erkennen wir, daß es sich hier um einen Fichtenforst handelt, der an Stelle eines Rotbuchen-Tannen-Mischwaldes angeforstet wurde.

Es handelt sich um einen Rotbuchen-Tannen-Mischwald, der sich über einen Mannaëschen-Traubeneichen-Hopfenbuchen-Mischwald heraufentwickelt hat. Die anspruchsvollen Laubwaldarten und die sehr hervortretenden Rotbuchen-Ausschläge neben Manna-Eschen, Traubeneichen und Hopfenbuchen lassen diesen Entwicklungsgang erkennen.

Fichtenforst = Fraxineto Orni - Ostryetum ↗ Fagetum ↗ Abieteto-FAGETUM.

Leider ist dieser Fichtenforst sehr stark vom Achtzähnigen Fichtenborkenkäfer befallen und es tritt somit die Frage an uns, welchen naturnahen Wirtschaftswald wir an Stelle des Fichtenforstes aufbringen könnten.

1. Einen Rotföhren-Reinbestand mit verschiedenen Schattenholzarten als Bodenschutz und Treibholz.

   Diese Wahl würde darum nicht sehr zu empfehlen sein, weil die Rotföhren auf diesem nährstoffreichen Boden sehr ästig wachsen würden. Sie würden besonders in jungen Jahren infolge des raschen ästigen Wachstums sehr unter Schneebruch leiden.
2. Einen Schwarzföhren-Reinbestand mit Rotbuche als Bodenschutz und Treibholz.

   Dieser Weg wäre zu empfehlen, wenn mehr als bisher Harznutzung betrieben werden müßte.
3. Einen Traubeneichenwald mit Hainbuchen-Unterwuchs.

Dieser Wald würde als naturnaher Wirtschaftswald lebenskräftig aufkommen, würde aber bei weitem nicht so rasch und vollholzig wachsen wie die Stieleichenwälder der Auen- und Unterhangwälder.

4. Einen Rotbuchen-Tannen-Mischwald.

   Dieser Wald wäre in jeder Hinsicht zu empfehlen und würde nachhaltig in zunehmendem Maße Bestes leisten. Der Rotbuchenanteil könnte auf 20–30% eingeschränkt werden.

5. Einen reinen Tannenwald.

   Auch dieser Waldtyp wäre dem reinen Fichtenwald vorzuziehen. Im Interesse der Mischwuchspflege wäre aber ein Rotbuchen-Tannen-Mischwald dem reinen Tannenwald vorzuziehen.

6. Einen Rotbuchen-Tannen-Fichten-Mischwald mit etwa 25% Rotbuche, 60% Tanne und 15% Fichte.

Es ist angezeigt, in diesem Falle der Fichte womöglich die Örtlichkeiten zuzuweisen, wo Pflanzenarten hervortreten, die an Bodenfrische und Bodendurchlüftung größere Ansprüche stellen, wie z. B. *Lamium Galeobdolon, Mercurialis perennis, Pulmonaria officinalis, Asarum europaeum, Campanula Trachelium, Valeriana tripteris, Geranium Robertianum, Polystichum lobatum, Asplenium Trichomanes, Dryopteris Filix-mas, Athyrium Filix-femina.*

Einen 30 m hohen, 0,9 bestockten Fichtenforst untersuchte ich in 1250 m Seehöhe in einer 25° NW geneigten Mulde am Rennfeld ober Bruck a. d. Mur. Der floristische Aufbau ist unter Aufnahme Nr. 8 in der Tabelle angeführt.

Wir haben hier einen sauerkleereichen Fichtenforst vor uns, der an Stelle eines bodenfeuchten Rotbuchen-Tannen-Fichten-Mischwaldes angeforstet wurde, eines Waldes, der sich ehemals über einen Grauerlen-, Eschen-, Fichtenmischwald heraufentwickelt hat.

Fichtenforst = Alnetum incanae superirrigatum ↗ Piceetum fraxinetosum ↗ Abieteto-FAGETUM.

Das herrschende Hervortreten des schwache Bodensäure ertragenden Sauerklees *(Oxalis Acetosella)* und Schattenblümchens *(Majanthemum bifolium)* ist bedingt durch die oberflächliche Versauerung durch die saure Nadelstreu. Von den bodenfeuchten Arten sind nur mehr vertreten: *Fraxinus excelsior, Stellaria nemorum, Lysimachia nemorum, Mnium undulatum.*

Besonders treten dafür Arten hervor, die für den kräuterreichen Rotbuchenwald besonders bezeichnend sind, so *Asperula odorata, Actaea spicata, Abies alba, Phyteuma spicatum, Galium silvaticum, Milium effusum.*

Actaea spicata zeigt uns an, daß das Klima sehr luftfeucht ist und *Adoxa Moschatellina,* daß der Boden sehr durchlüftet ist.

Für die Überführung in einen naturnahen Wirtschaftswald stehen uns folgende Möglichkeiten zur Verfügung:

1. ein Grauerlen-Reinbestand;
2. ein Eschen-Reinbestand mit Grauerlen-Zwischenbestand;
3. ein Rotbuchen-Bergahorn-Tannen-Mischwald (mit 20% Rotbuche, 80% Tanne);
4. ein Rotbuchen-Tannen-Fichten-Mischwald (mit 20% Buche, 40% Tanne, 40% Fichte);
5. ein Tannen-Reinbestand.

Einen 20–25 m hohen, 0,8 bestockten Fichtenforst untersuchte ich am nordseitig gelegenen 25° geneigten Hangfuß am Ossiacher Tauern. Der floristische Aufbau dieses Fichtenforstes ist unter Aufnahme Nr. 9 angeführt.

Wir haben es hier mit einem bodenfeuchten waldmeisterreichen Fichtenforst zu tun, der an Stelle eines bodenfeuchten Rotbuchen-Tannen-Mischwaldes steht, der vermutlich über einen Grauerlen-Eschen- und Stieleichen-Hainbuchen-Unterhangwald hochgekommen ist.

Fichtenforst = Alnetum incanae superirrigatum ↗ Querceto - Carpinetum fraxinetosum asperulosum odoratae ↗ Abieteto - FAGETUM.

Die Riesen-Schachtelhalm-(*Equisetum maximum-*)reichen Fichtenforste sind durch Rutschung besonders gefährdet und sollten in solche tiefwurzelnde Laubmischwälder übergeführt werden, welche den wasserzügigen, wenig durchlüfteten Boden besser ertragen können als die Fichte.

Für diesen an Stelle eines Rotbuchen-Tannenwaldes stehenden Fichtenforst sind besonders bezeichnend:

1. die für diesen Wald besonders bezeichnenden Leitpflanzen des ausgeglichenen, feuchten Klimas: *Actaea spicata, Polystichum lobatum, Aruncus vulgaris, Asplenium Trichomanes;*
2. die für den Rotbuchen-Tannen-Mischwald besonders bezeichnenden Arten: *Asperula odorata, Lamium Galeobdolon, Carex digitata, Fagus silvatica, Carex silvatica, Dentaria pentaphyllos, Moehringia trinervia, Veronica latifolia;*
3. die für die warme Klimastufe besonders bezeichnenden Arten: *Quercus Robur, Corylus Avellana, Polygonatum multiflorum;*
4. die für die Vegetationsentwicklung über den Erlen-Unterhangwald besonders bezeichnenden Arten: *Stachys silvatica, Chaerophyllum Cicutaria, Solanum Dulcamara, Impatiens Noti-tangere.*

Einen auf einer Hochterrasse liegenden Fichtenforst untersuchte ich im Park der „Villa Egger“ in Villach. Der floristische Aufbau ist unter Aufnahme Nr. 10 der Tabelle angeführt.

Wir haben es hier mit einem bodenfrischen Fichtenforst zu tun, der an Stelle eines bodenfrischen Rotbuchen-Tannen-Mischwaldes steht, der vermutlich im Stieleichen-Hainbuchenwald hochgekommen ist.

Querceto Roboris - Carpinetum ↗ Abieteto - FAGETUM aegopodiosum Podagrariae.

Fichtenforst auf Ackerboden aufgebracht.

Für diesen an Stelle eines Rotbuchen-Tannenwaldes stehenden Fichtenforst sind besonders bezeichnend:

1. die für den Rotbuchen-Tannenwald besonders bezeichnenden Arten: *Asperula odorata, Moehringia trinervia, Lamium Galeobdolon, Epilobium montanum;*
2. die für die warme Klimastufe besonders bezeichnenden Arten: *Cardamine impatiens, Evonymus europaea, Quercus Robur, Carpinus Betulus;*
3. die für die bodenfrische Ausbildung besonders bezeichnenden Arten: *Aegopodium Podagraria, Geum urbanum, Stachys silvatica, Brachypodium silvaticum, Virburnum Opulus.*

Nun ist es sehr interessant, daß die Vegetationsentwicklung dieses Waldes nicht etwa über einen Erlenwald erfolgte, wie das herrschende Hervortreten der bodenfrischen Arten annehmen läßt.

Nein, die Vegetationsentwicklung wurde auf diesem ursprünglich trockenen, wasserdurchlässigen Hochterrassenboden vom Rotföhrenwald eingeleitet.

Der Boden wurde aber durch viele Jahrhunderte sehr pfleglich bewirtschaftet und erhielt damit durch Auflagerung des jährlichen Bestandesabfalles eine erhebliche wasserhaltende Kraft.

Waldschachtelhalm-reicher anmooriger Fichten-Reinbestand als Kunstprodukt an Stelle eines Rotbuchen-Tannen-Fichten-Mischwaldes.

Die wasserhaltende Kraft kommt aber nicht nur vom reichlichen Bestandesabfall, sondern insbesondere auch daher, daß die andauernde Bewaldung dem Boden ein dichtes, geradezu als Wasserreservoir dienendes System von alten verrotteten Wurzelröhren gegeben hat. Damit behielt der Boden trotz seines ursprünglich wasserdurchlässigen Gefüges, auch zu Trockenzeiten, seinen guten Wasserhaushalt und damit konnten Hygrophyten aufkommen; also Pflanzen,

„welche in Bezug auf die Aufrechterhaltung der Wasserbilanz unter günstigen Verhältnissen leben und dazu keine besonderen physiologischen oder anatomischen und morphologischen Eigenschaften benötigen"*). Demnach kommt der gute Wasserhaushalt

1. vom reichlichen Bestandesabfall;
2. von den vielen Wasserreservoire bildenden verrotteten Wurzeln;
3. von der dauernden Beschattung durch die dunklen Kronen des geschlossenen Fichtenwaldes.

Rotfauler durchlöcherter Fichtenforst an Stelle eines Rotbuchenwaldes.

Der durch Jahrhunderte anhaltende reichliche Bestandesabfall gibt dem Boden eine wasserhaltende Kraft.

Die vielen verrotteten Wurzelröhren geben dem Walde die Möglichkeit, zu Regenzeiten Wasser zu speichern, um davon in Trockenzeiten zehren zu können.

Die dunklen Kronen des geschlossenen Nadelwaldes geben dem Boden ein ausgeglichenes Klima und setzen die Verdunstung des Unterwuchses wesentlich herab.

Welche Möglichkeiten stehen uns zur Verfügung, diesen Fichtenforst in einen naturnahen Wirtschaftswald überzuführen?

Am besten wäre wohl der Unterbau von Rotbuche und Tanne nach Durchlichtung des geschlossenen Waldes.

Wir könnten aber auch

1. einen Rotföhrenwald mit Eichen-Zwischenbestand,
2. einen Stieleichenwald mit Hainbuchen-Zwischenbestand,
3. einen Stieleichenwald mit Rotbuchen-Zwischenbestand,
4. einen Rotbuchen-Tannen-Mischwald mit 50% Rotbuche und 50% Tanne

anstreben.

---

*) F. C. von Faber: Pflanzengeographie auf physiologischer Grundlage.

Einen reinen Tannenbestand könnten wir ohne Gefährdung des Waldes nicht aufbringen; denn wir befinden uns hier in der unteren Buchenstufe, deren Luftfeuchtigkeit nicht sehr groß ist.

Dem ist es zuzuschreiben, warum in diesem Walde *Aruncus vulgaris, Actaea spicata* und *Polystichum lobatum* zurücktreten.

Zusammenfassung: Wir haben an 10 Beispielen aufgezeigt, daß naturfremde Fichtenforste, die durch alle möglichen Schädlinge von Seite der organischen und anorganischen Welt (Insekten, Pilze, Sturm, Schneebruch) besonders gefährdet sind, in naturnahe Wirtschaftswälder übergeführt werden müssen. Der Weg hiezu kann nicht schablonenhaft erfolgen, sondern muß von den jeweiligen Boden-, Klima- und biotischen Verhältnissen, welche in der Pflanzengesellschaft ihren Ausdruck finden, ausgehen.

So wie sich der Geometer im unbekannten Gelände an die Fixpunkte anbinden muß, so werden uns bei dieser Arbeit die Assoziationen im Sinne Braun-Blanquets als Fixpunkte für die Beurteilung der Individualität solcher Forste dienen.

Inhaltsverzeichnis.